主编　　中国建设监理协会

# 中国建设监理与咨询

42
2021 / 5
总 第 4 2 期

CHINA CONSTRUCTION
MANAGEMENT and CONSULTING

中国建筑工业出版社

图书在版编目（CIP）数据

中国建设监理与咨询 = CHINA CONSTRUCTION
MANAGEMENT and CONSULTING. 42 / 中国建设监理协会主
编. — 北京：中国建筑工业出版社，2021.11
ISBN 978-7-112-26761-3

Ⅰ.①中…　Ⅱ.①中…　Ⅲ.①建筑工程—监理工作—
研究—中国　Ⅳ.①TU712.2

中国版本图书馆CIP数据核字（2021）第211083号

责任编辑：费海玲　焦　阳
文字编辑：汪箫仪
责任校对：王　烨

中国建设监理与咨询 42

CHINA CONSTRUCTION MANAGEMENT and CONSULTING

主编　中国建设监理协会

\*

中国建筑工业出版社出版、发行（北京海淀三里河路9号）

各地新华书店、建筑书店经销

北京雅盈中佳图文设计公司制版

天津图文方嘉印刷有限公司印刷

\*

开本：880毫米×1230毫米　1/16　印张：7$\frac{1}{2}$　字数：300千字

2021年11月第一版　2021年11月第一次印刷

定价：**35.00元**

ISBN 978-7-112-26761-3

（38588）

**编辑部**

地址：北京海淀区西四环北路 158 号
　　　慧科大厦东区 10B

邮编：100142

电话：（010）68346832

传真：（010）68346832

E-mail：zgjsjlxh@163.com

42

2021 / 5
总第 4 2 期

CHINA CONSTRUCTION
MANAGEMENT and CONSULTING

# 中国建设监理与咨询

## 目录 CONTENTS

### ■ 行业动态

### ■ 政策法规消息

### ■ 本期焦点：中国建设监理协会六届八次常务理事扩大会议在济南顺利召开

### ■ 监理论坛

## ■ 项目管理与咨询

## ■ 创新与研究

## ■ 百家争鸣

## 中国建设监理协会《房屋建筑工程监理工作标准》研究成果转团体标准课题验收会顺利召开

2021 年 10 月 18 日，中国建设监理协会《房屋建筑工程监理工作标准》研究成果转团体标准课题验收会在山东泰安顺利召开。中国建设监理协会会长王早生、中国建设监理协会专家委员会副主任杨卫东、北京交通大学教授刘伊生、上海市建设工程咨询行业协会顾问会长孙占国、重庆市建设监理协会会长雷开贵、湖南大学教授邓铁军、山东省建设监理与咨询协会副理事长兼秘书长陈文、中国建设监理协会副秘书长王月等验收组专家，课题承担单位江苏省建设监理与招投标协会会长陈贵及课题组成员参加了本次验收会。

江苏建科工程咨询有限公司副总经理李存新代表课题组汇报了课题研究成果。验收组专家听取了课题组汇报，审阅了相关资料，经质询和讨论，认为课题组提交的资料齐全，文字表达逻辑严谨、简练明确、可操作性强，突出了房屋建筑工程监理的特点，完成了合同约定的任务，研究成果符合高标准、高质量的要求，对进一步规范房屋建筑工程监理具有重要意义。验收组专家一致同意《房屋建筑工程监理工作标准》研究成果转团体标准通过审查验收。

中国建设监理协会会长王早生对课题组前期的研究工作给予了充分肯定。他强调，本次课题研究重点聚焦房屋建筑工程质量和安全的监理工作，对于指导房屋建筑工程监理工作、提高监理服务品质具有重要意义。希望课题组按照验收专家提出的意见和建议进一步修改完善，争取尽早出台《房屋建筑工程监理工作标准》（团体标准），促进工程监理行业健康发展。

## 中南片区会长秘书长工作研究会在湖北武汉召开

2021 年 10 月 19 日中南片区会长秘书长工作研究会在武汉市武昌区洪山宾馆召开。中国建设监理协会常务副会长兼秘书长王学军到会并做了重要讲话。会议由湖北省建设监理协会会长刘治栋主持。

会上，中国建设监理协会培训部王婷就个人会员业务培训做了介绍和工作要求。就广东省建设监理协会牵头草拟的"中国建设监理协会个人会员中南片区培训活动策划与实施方案"，河南、湖南、安徽、广西、湖北等地参会代表分别发表了意见，贵州、江西等兄弟协会代表也分享了本省个人会员业务培训工作情况，会议认为要按照"补短板、增新知、强基础、树正气"的原则，在差异化、统筹兼顾、突出务实创新的基础上充分做好个人会员业务培训工作。

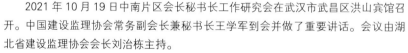

中国建设监理协会常务副会长兼秘书长王学军在讲话中强调，做好个人会员业务培训是协会开展"我为群众办实事"实践活动的重要载体，是进一步联系和服务个人会员的重要手段，以政策法规宣贯、新技术新业务学习、职业道德教育等为主要培训内容，促进个人会员和行业整体水平不断提高，为推动行业质量变革、效率变革、动力变革贡献力量。

（湖北省建设监理协会 供稿）

## 中国建设监理协会苏、鲁、辽、吉片区个人会员业务辅导活动成功举办

2021年10月19日，由中国建设监理协会主办，江苏省建设监理与招投标协会承办的苏、鲁、辽、吉片区个人会员业务辅导活动在山东省泰安市成功举办，苏、鲁、辽、吉四省个人会员260余人参加了本次辅导活动。中国建设监理协会会长王早生，中国建设监理协会副会长、江苏省建设监理与招投标协会会长陈贵、山东省建设监理与咨询协会会长徐友全、江苏省建设监理与招投标协会秘书长曹达双、山东省建设监理与咨询协会副会长兼秘书长陈文出席了辅导活动开班仪式，徐友全致辞，辅导活动由陈贵主持。

中国建设监理协会会长王早生做"深化改革 促进监理行业创新发展"专题讲座。王会长从"生产关系与生产力""企业是市场的主体，是社会的组成部分""企业改革，组织重构，体现价值""努力争当全过程工程咨询主力军"等四个方面给大家做了重要的阐述。他号召广大监理企业积极补短板、扩规模、强基础、树正气，实现企业做强做优做大的发展目标，促进工程监理行业持续健康发展。

山东省建设监理与咨询协会副秘书长陈刚、上海同济工程咨询有限公司董事长兼总经理杨卫东、武汉建设工程全过程咨询与监理协会会长汪成庆、江苏建科工程咨询有限公司副总经理李存新等四位专家分别就《装配式建筑监理工作规程》团体标准、监理企业转型升级创新发展、《房屋建筑工程监理工作标准》《房屋建筑工程项目监理机构人员配置标准》、工程咨询企业信息化管理的应用等内容做了专题讲座和宣贯。

本次活动安排紧凑，内容紧扣工程监理行业的方方面面，补齐了知识短板，开阔了学员的视野。参加学员普遍反映组织精心，保障有力，授课水平高、效果好。本次活动得到了山东省建设监理与咨询协会和泰安市建设监理协会的大力支持，取得了圆满成功。

---

## 中国建设监理协会化工分会、石油天然气分会新任领导见面会在协会召开

2021年10月12日，中国建设监理协会化工分会、石油天然气分会新任领导见面会在中国建设监理协会会议室召开，会长王早生、副会长兼秘书长王学军、副秘书长温健、副秘书长王月，化工分会会长王红，石油天然气分会会长许贤文，石油天然气分会副会长兼秘书长刘玉梅出席会议。

副会长兼秘书长王学军宣读了王红同志为中国建设监理协会化工分会会长，许贤文同志为中国建设监理协会石油天然气分会会长，刘玉梅同志为中国建设监理协会石油天然气分会副会长兼秘书长，王峰、曹东君、张晓宇、江陈琴、童建平、姜立伟、陈贤伟、陈陆建等8位同志为中国建设监理协会石油天然气分会副会长的聘任决定。

会长王早生、副会长兼秘书长王学军、副秘书长温健分别对分会今后的发展提出了建议和方向，会长王早生就如何开展分会工作和廉政建设提出具体要求，并向化工分会、石油天然气分会新任领导颁发了聘书。

## 中国建设监理协会向河南省会员单位捐赠十万元抗洪救灾物资

2021年7月20日，河南省遭遇百年不遇的洪涝灾害，国家和人民财产遭受重大损失，全国各族人民纷纷伸出援助之手，中国建设监理协会时刻关注灾情，为帮助会员单位渡过难关，经协会秘书处研究、会长通联会同意，向河南省会员单位捐赠价值十万元物资，用于支援河南省监理行业抗洪救灾工作，并委托河南省建设监理协会前往一线慰问参与抗洪救灾的基层监理企业和监理人员。

## 湖北省建设监理协会赴荆州开展业务辅导活动

为深入贯彻"安全生产专项整治三年行动"，全面落实"湖北省房屋市政工程安全生产专项整治三年行动任务清单"，绷紧安全生产责任弦，切实履行安全生产监理职责，筑牢安全生产防线，助力推进城乡建设事业高质量发展。湖北省建设监理协会组织专家学者于2021年9月11日至12日在荆州市开展了监理业务培训活动。

这次活动的开展，同时也是湖北省建设监理协会"我为群众办实事"实践活动纵深推进，聚焦重点实事项目推动实践活动走深走实的具体表现，受到当地企业热烈欢迎和充分肯定。来自荆州城区及江陵、松滋、公安、监利和洪湖监理企业的240多名监理从业人员参加了此次业务辅导活动。

这次活动的顺利开展，得益于荆州市住房和城乡建设局、荆州市建设监理协会的大力支持。

（湖北省建设监理协会 供稿）

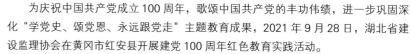

## 湖北省建设监理协会开展建党100周年红色教育实践活动

为庆祝中国共产党成立100周年，歌颂中国共产党的丰功伟绩，进一步巩固深化"学党史、颂党恩、永远跟党走"主题教育成果，2021年9月28日，湖北省建设监理协会在黄冈市红安县开展建党100周年红色教育实践活动。

活动会上，对在"胸怀千秋伟业，恰是百年风华——建党100周年"主题征文活动中获得"优秀征文奖"的11名监理人员和10家优秀组织单位予以了通报表扬。随后，组织参会人员赴爱国主义教育基地红安县黄麻起义和鄂豫皖苏区纪念园，重走红色故地，缅怀革命先烈，重温入党誓词，感悟初心使命。

通过开展此次建党100周年红色教育实践活动，参会人员进一步感悟到革命老区精神的深刻内涵和真谛，心灵受到强烈震撼，思想得到深刻洗礼。大家纷纷表示，加强党性锤炼，赓续精神血脉，从百年党史中汲取精神力量，着力提升工程监理管理水平和服务水平，在推动城乡建设事业高质量发展中担当新作为，做出新贡献。

协会副会长杨泽尘、秦永祥、王红慈，秘书长周佳麟，特邀监事程晓玲等出席表扬会并参加活动。

（湖北省建设监理协会 供稿）

# 住房和城乡建设部办公厅关于印发城市轨道交通工程基坑、隧道施工坍塌防范导则的通知

建办质〔2021〕42号

各省、自治区住房和城乡建设厅，直辖市住房和城乡建设（管）委、新疆生产建设兵团住房和城乡建设局，上海市交通委员会、山东省交通运输厅：

为加强城市轨道交通工程建设质量安全管理，提升基坑、隧道坍塌事故防范水平，减少生产安全事故发生，我部编制了《城市轨道交通工程基坑、隧道施工坍塌防范导则》。现印发给你们，请结合实际参照执行。

以下内容为节选，全文详见住房和城乡建设部网站。

## 3.5 监理单位

3.5.1 监理单位应按照法律法规、标准、设计文件和合同要求配备专业监理人员，应当结合危大工程专项施工方案编制监理实施细则，并对危大工程施工实施专项巡视检查。监理实施细则应包括基坑、隧道防坍塌有关内容，严格按监理规划及实施细则进行监理。

3.5.2 按照工程建设强制性标准要求，审查施工组织设计中的安全技术措施、专项施工方案，监督施工单位按施工方案组织施工，做好施工期间重要工序旁站、巡视等工作。

3.5.3 监理单位应检查施工监测点布置和保护情况，比对分析施工监测和第三方监测数据及巡视信息。发现异常及时向建设、施工单位反馈并督促施工单位采取应对措施。

3.5.4 监理过程中发现施工单位未按专项施工方案施工的，应当要求其进行整改；情节严重，可能存在坍塌风险的，应当要求其暂停施工并及时报告建设单位。

住房和城乡建设部办公厅
2021 年 9 月 27 日
（来源住房和城乡建设部网站）

# 2021年9月8日公布的工程建设标准

| 序号 | 标准编号 | 标准名称 | 发布日期 | 实施日期 |
|---|---|---|---|---|
| | | 国际 | | |
| 1 | GB 55021—2021 | 既有建筑鉴定与加固通用规范 | 2021/9/8 | 2022/4/1 |
| 2 | GB 55008—2021 | 混凝土结构通用规范 | 2021/9/8 | 2022/4/1 |
| 3 | GB 55017—2021 | 工程勘察通用规范 | 2021/9/8 | 2022/4/1 |
| 4 | GB 55018—2021 | 工程测量通用规范 | 2021/9/8 | 2022/4/1 |
| 5 | GB 55022—2021 | 既有建筑维护与改造通用规范 | 2021/9/8 | 2022/4/1 |
| 6 | GB 55020—2021 | 建筑给水排水与节水通用规范 | 2021/9/8 | 2022/4/1 |
| 7 | GB 55016—2021 | 建筑环境通用规范 | 2021/9/8 | 2022/4/1 |
| 8 | GB 55015—2021 | 建筑节能与可再生能源利用通用规范 | 2021/9/8 | 2022/4/1 |
| 9 | GB 55019—2021 | 建筑与市政工程无障碍通用规范 | 2021/9/8 | 2022/4/1 |

## 本期焦点

# 中国建设监理协会六届八次常务理事扩大会议在济南顺利召开

2021年9月16日，中国建设监理协会在山东省济南市召开六届八次常务理事扩大会议。中国建设监理协会会长王早生、副会长兼秘书长王学军等协会领导出席了会议，协会监事会监事长黄先俊，监事朱迎春、白雪峰应邀参加了会议。本次会议还邀请了部分省建设监理协会、有关行业建设协会监理专业委员会，各分会负责人到会。会议应到常务理事50人，实到常务理事43人，符合协会章程规定。会议由副会长兼秘书长王学军主持。

山东省住房和城乡建设厅总工程师贾凤兴，建筑市场监管处副处长徐海东，山东省建设工程质量安全中心主任王华杰出席了会议开幕式。贾凤兴总工热情洋溢的致辞，介绍了山东省建筑业改革发展情况，肯定了监理行业对山东经济发展做出的突出贡献，并提出殷切期望。

中国建设监理协会王早生会长做"中国建设监理协会2021年上半年工作情况和下半年工作安排"的报告，报告了2021年上半年协会秘书处开展的提升会员管理水平、提高会员服务质量；完成政府委托，提高行业队伍素质；促进行业高质量发展；加强协会自身建设，提升服务水平等各项工作和2021年下半年工作安排。

会议审议通过了"中国建设监理协会2021年上半年工作情况和下半年工作安排的报告"；审议通过了"中国建设监理协会关于调整六届理事、常务理事的报告"和"中国建设监理协会关于发展单位会员的报告"；审议通过了"中国建设监理协会关于聘任王红同志为化工监理分会会长的报告"和"中国建设监理协会关于聘任许贤文等同志为石油天然气分会会长、副会长、秘书长的报告"；审议通过了"中国建设监理协会关于终止部分单位会员资格的报告"和"中国建设监理协会关于取消部分个人会员资格的报告"；会议还通报了"中国建设监理协会关于2021年上半年发展个人会员情况的报告"和"中国建设监理协会关于开启支付宝网上缴纳单位会费的预通知"。

副会长兼秘书长王学军做会议总结发言，指出要正确认识行业发展中出现的问题和现象，走适合监理企业发展的道路，保障工程质量安全，积极推进会员单位诚信建设。号召与会各位会长、各位常务理事要在协会领导集体带领下，携起手来，努力完成协会下半年工作任务，不辜负社会和会员的期望，为促进监理行业健康发展，为落实"十四五规划"，实现中华民族伟大复兴做出监理人应有的贡献！

# 关于印发协会领导在"中国建设监理协会六届八次常务理事会"会上讲话的通知

中建监协〔2021〕56号

各省、自治区、直辖市建设监理协会，有关行业建设监理专业委员会，中国建设监理协会各分会，常务理事、监事：

2021年9月16日，中国建设监理协会在山东济南召开了六届八次常务理事会。现将本次会议上王早生会长做的"关于中国建设监理协会2021年上半年工作情况和下半年工作安排的报告"和王学军副会长兼秘书长"在中国建设监理协会六届八次常务理事会上的总结发言"印发给你们，供参考。

附件：1.关于中国建设监理协会2021年上半年工作情况和下半年工作安排的报告；

2.在中国建设监理协会六届八次常务理事会上的总结发言。

中国建设监理协会

2021年9月23日

附件1：

## 关于中国建设监理协会 2021 年上半年工作情况和下半年工作安排的报告

王早生会长

2021 年 9 月 16 日

各位常务理事、监事，各位代表：

大家上午好！

今天召开中国建设监理协会六届八次常务理事会，由我向各位常务理事汇报协会 2021 年上半年主要工作情况和下半年工作安排。在中央和国家机关行业协会商会第一联合党委的正确领导下，在住房城乡建设部的指导帮助下，在行业专家及广大会员单位的大力支持下，我们坚持以习近平新时代中国特色社会主义思想为指导，深入学习宣传贯彻党的十九大和十九届二中、三中、四中、五中全会精神，紧紧围绕行业发展和协会工作实际，创新工作思路，加大工作力度，较好地完成了年初制定的上半年各项工作任务。主要做了以下工作：

### 第一部分：2021 年上半年工作情况

### 一、提升会员管理工作水平，提高会员服务质量

（一）加强会员准入清出管理

为加强监理行业自律管理和诚信建设，规范服务和执业行为，提高服务质量，维护其合法权益，推进行业管理工作有序开展，协会修订了"中国建设监理协会会员管理办法"（经协会六届三次会员代表大会审议通过）。

2021 年上半年，协会共发展五批个人会员，合计 3774 人；发展单位会员 41 家。同时，对长期不履行会员义务和被相关部门处罚的会员予以清退。

（二）推进行业诚信自律建设

1. 为推进工程监理行业诚信体系建设，构建以信用为基础的自律监管机制，维护市场良好秩序，打造诚信工程监理行业，促进行业高质量可持续健康发展，协会组织单位会员开展信用自评估工作。目前第一轮单位会员信用自评估活动已完成，参与信用自评估的单位会员共有 790 家，参与率为 68.1%。同时，开展会员信用自评估参与情况调查研究，为下一步工作开展提供参考。

2.进一步完善中国建设监理协会会员管理系统建设，对会员信用评估管理模块及单位会员管理模块进行优化。

3.针对近些年监理行业出现的违法违规现象，协会收集了具有代表性的案例，组织编写《建设监理警示录》，以增强法治意识，督促监理人员认真履行职责，减少或杜绝违法违规现象。

（三）提升会员业务水平

1.为更好地服务会员，做好个人会员业务辅导工作，协会印发了"中国建设监理协会分片区业务培训管理办法"，对培训对象、内容、师资要求、资金保障、培训成果运用做出了明确规定。将全国划分为六大片区进行业务培训，每个片区都委托一个副会长单位负责组织协调。2021年6月10日，协会首次以片区业务培训方式在重庆市举办了西南片区个人会员业务辅导活动。王早生会长出席活动并做专题讲座。来自云南、贵州、四川、重庆约250余名会员代表参加了本次活动。

2.开展监理人员学习丛书编写工作。2021年5月27日，协会在济南召开监理人员学习丛书编写工作座谈会，讨论了丛书的定位及编写内容。

3.在会员网络学习课件库中新增"监理企业诚信建设和标准化服务经验交流会""监理企业信息化管理和智慧化服务现场经验交流会"相关内容，丰富会员免费网络业务学习课件。

（四）做好行业宣传工作

1.办好《中国建设监理与咨询》出版物。利用多渠道进行出版物的宣传推广，做好2021年度《中国建设监理与咨询》征订工作。2021年有27家省、市和行业协会及320家企业参与了征订工作，征订数量4155套，相比2020年

增长约9.34％。2021年度共有92家地方、行业协会、监理企业以协办单位方式共同参与该项工作。

2.利用协会网站、中国建设监理协会微信公众号及中国建设监理与咨询微信公众号实时推广行业有关制度、法规及相关政策；宣传报道中监协和地方协会的活动。

## 二、完成政府委托工作，提高行业队伍素质

（一）积极配合业务指导部门工作

1.参与业务指导部门调研工作。在行业内开展监理秩序专题调研，并将调研结果上报建筑市场监管司。根据《关于提升新建住宅小区品质指导意见》中涉及监理的内容，收集反馈意见并报送房地产市场监管司。

2.承担住房城乡建设部建筑市场监管司委托的课题研究工作。其中"工程监理企业资质标准研究"已于2021年2月9日结题，"全过程工程咨询涉及工程监理计价规则研究""业主方委托监理工作规程""家装工程监理调查研究"等3个课题正在有序开展研究工作。

（二）完成政府部门委托的监理工程师考试相关工作

组织修订了全国监理工程师职业资格考试基础科目及土木建筑工程专业科目大纲，并组织完成2021年全国监理工程师职业资格考试用书丛书的编写工作。

组织完成了2021年全国监理工程师职业资格考试基础科目一和基础科目二以及土木建筑工程专业科目的命审题工作、2021年度全国监理工程师考试案例分析科目网络阅卷技术服务采购项目招标工作及阅卷工作。

## 三、多措并举，促进行业高质量发展

（一）做好行业理论研究

2021年协会新开四个研究课题，其中"监理工作信息化管理标准"是为了促进各类监理企业提高信息化管理水平；"施工阶段项目管理服务标准"是为了规范监理企业做好施工阶段项目管理的服务行为；"监理人员职业标准"是为监理企业规范服务、科学计费奠定基础；"工程监理企业发展全过程工程咨询服务指南"是为监理企业在发展全过程咨询服务业务方面提供路径参考和策略指引。各课题组组长认真负责，研究工作正在有序推进。

（二）推进行业标准化建设

2020年《装配式建筑工程监理管理规程（试行）》经过一年试行，协会于2021年1月25日发布《装配式建筑工程监理管理规程》团体标准，自2021年5月1日起实施。

2021年3月，协会印发《城市道路工程监理工作标准（试行）》《市政基础设施项目监理机构人员配置标准（试行）》《城市轨道交通工程监理规程（试行）》《市政工程监理资料管理标准（试行）》等4个标准。

2021年协会开展的《房屋建筑工程监理资料管理标准》《房屋建筑工程监理工作标准》《房屋建筑工程项目监理机构人员配置标准》《监理工器具配置标准》《化工工程监理规程》等5个课题成果转团体标准工作均已启动。

（三）组织行业交流，提高监理履职能力

1.组织召开"巾帼不让须眉 创新发展争先"女企业家座谈会。2021年4月22日，由中国建设监理协会主办、江西省建

设监理协会协办、江西恒实建设管理股份有限公司承办的首届女企业家座谈会在江西南昌召开，来自全国16个地区的30余名女企业家参加会议。此次座谈会既是回应会员单位诉求，也是为了更好地发挥女企业家在监理行业创新发展中的积极作用，展示巾帼担当，助力行业高质量发展。

2. 组织召开项目监理机构经验交流会。为进一步提高项目监理机构服务质量和水平，促进监理行业高质量可持续健康发展，2021年6月22日，由中国建设监理协会主办、四川省建设工程质量安全与监理协会协办的项目监理机构经验交流会在成都召开，来自全国260余名会员代表参加会议。交流会主要围绕项目监理机构在开展全过程工程咨询实践、运用信息化管理实践、安全管理实践等方面的监理工作展开经验交流。

## 四、加强协会自身建设，提升服务水平

### （一）加强协会党建工作

协会党支部认真贯彻落实上级党委部署要求，坚持党对一切工作的领导，坚持党要管党、全面从严治党，进一步增强"四个意识"、坚定"四个自信"、做到"两个维护"。切实加强党的领导力度，努力推进党建工作与业务工作深度融合，全面加强党组织和党员队伍建设、党风廉政建设工作，以大力推进协会党建工作高质量发展为主线，以开展党史学习教育为推动力，充分调动党员干部的积极性、主动性和创造性，为协会和行业高质量发展提供坚强的政治保障和组织保障。

落实党建质量攻坚行动，积极建章立制，做好党支部工作制度化、标准化、规范化建设，出台了"中国建设监理协会党支部工作制度"。充分重视思想建设工作，切实执行学习教育制度，坚持每周学习和专题学习相结合，推进"两学一做"学习教育常态化制度化。认真贯彻"学史明理、学史增信、学史崇德、学史力行"要求，组织秘书处全体党员和职工开展党史学习教育活动，倡导党员读原著、学原文、悟原理。将党员学习与全员学习有机统一起来，依托党组织的先进性，组织教育活动，教育和引导党员干部树立为会员服务意识，充分发挥党组织战斗堡垒和党员先锋模范作用，以党建促发展，促进秘书处工作的整体提升。

### （二）加强协会组织机构建设

#### 1. 成立监事会

2021年3月17日，经协会六届三次会员代表大会暨六届四次理事会审议通过《中国建设监理协会章程》的修订，中国建设监理协会成立了监事会。同时，召开第六届监事会第一次会议，选举产生了监事长，商定了监事会工作分工和安排。

#### 2. 调整组织机构

为加强协会领导班子建设，更好地开展协会工作，为会员提供更优质的服务，促进行业的健康持续高质量发展，经会长办公会研究，中央和国家机关行业协会商会工委审核，六届三次会员代表大会审议，同意增补4名副会长。

根据工作需要，经地方协会和分会申请，依据协会章程规定，经六届三次会员代表大会审议通过，对协会理事、常务理事进行了调整。

### （三）加强与会员、地方行业协会通联工作

2021年3月18日，全国建设监理协会秘书长工作会在河南郑州召开，会议通报了中国建设监理协会2021年工作要点及安排，解读了"中国建设监理协会分片区业务培训管理办法"，并对个人会员管理系统网上缴费及自助开票功能进行了说明，北京、上海、山东等地方协会就诚信建设、标准化建设等方面进行了工作经验交流。

协会大力支持地方及行业协会发展，积极参加地方及行业协会组织的各项重要会议，并就协会工作、监理行业发展等方面与地方协会和企业进行交流。

### （四）完善协会制度建设

根据《中共中央办公厅国务院办公厅关于印发〈行业协会商会与行政机关脱钩总体方案〉的通知》（中办发〔2015〕39号）和《关于全面推开行业协会商会与行政机关脱钩改革的实施意见》（发改体改〔2019〕1063号）的部署，协会结合工程监理行业发展需求及协会实际情况，对现行章程进行了修订，并经六届三次会员代表大会审议通过，报民政部备案。

为加强和规范协会资产管理工作，维护协会资产安全与资产完整，促进协会健康发展，根据《中国建设监理协会章程》《社会团体登记管理条例》《脱钩后行业协会商会资产管理暂行办法》等相关法规、规范性文件，协会制定了"中国建设监理协会资产管理办法"（经六届三次会员代表大会审议通过）。

### （五）提升协会服务水平

1. 为推进协会服务公开透明，发挥协会的桥梁纽带作用，更好地服务会员，促进行业健康发展，制定了协会会员服务清单，并在中国建设监理协会网络平台专栏予以公布。

2. 为提高协会办公效率，更好地服

务会员，中国建设监理协会个人会员管理系统网上缴费及自动开票系统于2021年1月18日正式上线。

3. 为进一步提高秘书处工作效率和服务质量，增强为会员服务的主动性和自觉性，力争为会员单位提供更加规范、优质、高效的服务，协会秘书处开展"守规矩和首问办结"活动，上半年，首问情况登记共有2300余条记录，并已全部回复。

（六）开展涉企收费自查自纠工作

根据《民政部社会组织管理局关于部署全国性行业协会商会开展"我为企业减负担"专项行动的通知》（民社管函〔2021〕37号），协会开展"我为企业减负担"专项行动。免收团体类单位会员会费；免收全国范围内分片区开展的七期会员业务培训费和资料费；免收两期全国性经验交流会会务费和资料费。

按照《关于进一步加强社会组织管理 严格规范社会组织行为的通知》（民社管函〔2021〕43号）要求，秘书处对行为自律、评比表彰、是否违规收费、是否违规举办会议等方面进行了自查自纠活动，未发现有违规行为。

## 第二部分：2021年下半年工作安排

我国建筑业已由高速发展转向高质量发展，监理行业也正处在改革发展之中。2019年监理统计数据显示，我国现有监理企业8469家，监理从业人员近130万人，合同承揽额8500.94亿元，其中监理合同承揽额1987.47亿元。下半年，我们要以更加饱满的精神、更加积极的态度投入工作中去，努力完成年度目标任务，促进行业高质量发展。

## 一、推进行业诚信建设

（一）继续开展单位会员信用自评估工作

根据"中国建设监理协会会员信用管理办法""中国建设监理协会会员信用评估标准"，协会继续完善单位会员信用自评估工作和自评估成果的运用。同时，号召尚未参加自评估的单位会员增强诚信经营意识，尽快完成此项工作，共同营造全行业诚实守信的良好氛围。

（二）对单位会员信用情况依规进行动态管理

根据单位会员信用自评估情况，依照相关规定对单位会员信用情况进行动态管理，根据会员受奖罚情况定期对会员信用结果进行调整。这项工作还需要地方和行业协会大力支持，每半年将单位会员获奖或被行政处罚情况报协会联络部。

（三）出版《建设监理警示录》

在上半年的工作基础上，继续完善《建设监理警示录》的内容，下半年出版后赠送给会员单位。希望地方、行业协会秘书处给予配合。

## 二、促进监理人员素质提高

（一）分片区开展业务培训

协会将根据"中国建设监理协会分片区业务培训管理办法"，指导地方监理协会举办业务培训活动，就行业发展面临的热点难点问题和政策解读，请有关行业专家、企业负责人进行辅导，将协会发布的团体标准宣贯纳入培训范围，争取单位会员每年参加一次协会组织的活动，希望地方监理协会和行业监理专业委员会积极组织会员代表参加。同时，

对地方协会独立开展的其他会员业务辅导活动，我协会将在师资力量等方面给予支持。

（二）出版监理人员学习用书

上半年，已确定监理人员学习用书的编写方向，下半年将配合片区监理人员培训工作，继续修改完善，并出版发行。

（三）召开政府购买监理巡查服务和全过程工程咨询经验交流会

为进一步推进监理企业开展政府购买监理巡查服务和全过程工程咨询服务，更好地发挥监理制度的重要作用，协会今年下半年将组织召开政府购买监理巡查服务和全过程工程咨询经验交流会。同时，也鼓励各地方协会和监理企业开展形式多样的行业发展交流会等专题交流活动。

## 三、加强行业标准化建设

（一）开展试行标准转团标工作

去年试行的《房屋建筑工程监理工作标准》《房屋建筑工程项目监理机构人员配置标准》《监理工器具配置标准》《房屋建筑工程监理资料管理标准》《化工工程监理规程》等五项标准，今年开展转团标工作。上半年，五项标准均已启动转团标工作，请相关参与单位继续积极配合，做好相关工作，发布高质量的团体标准，推动监理行业的标准化建设。

（二）征集四项试行标准意见，发布《工程监理企业发展全过程工程咨询服务指南》

《城市道路监理工作标准》《市政工程监理资料管理标准》《城市轨道交通工程监理规程》《市政工程项目监理机构人员配置标准》等四项试行标准，已在行

业内开展试行。希望地方和行业协会在上述标准试行期间，注意收集意见和建议，及时向协会行业发展部反馈。下半年，协会将发布《工程监理企业发展全过程工程咨询服务指南》。

（三）做好课题研究，持续推进行业标准化建设

上半年，"监理工作信息化管理标准""施工阶段项目管理服务标准""监理人员职业标准""家装工程监理调查研究""业主方委托监理工作规程""工程监理企业发展全过程工程咨询服务指南""全过程工程咨询涉及工程监理计价规则研究"等7个课题均已启动，下半年将继续组织专家开展课题研究。协会鼓励行业专家积极参加2021年课题研究工作，希望各地方协会、行业专业委员会等予以支持。

## 四、树立良好形象

（一）做好参与"鲁班奖"和"詹天佑奖"监理企业和总监理工程师认定和通报工作

2021年下半年拟对2020年参与"鲁班奖"和"詹天佑奖"监理企业和监理工程师进行宣传，以达到弘扬正气、树立标杆，引领行业发展的目的。此项工作需要地方监理协会和行业监理专业委员会支持配合。

（二）继续办好《中国建设监理与咨询》，发挥微信公众号的宣传服务作用

《中国建设监理与咨询》是行业主要出版物，发行量在逐年增加。为进一步提高监理在建筑行业和社会的认知度，希望地方协会和行业监理专业委员会、分会支持行业出版物的征订和组稿工作，不断扩大其行业影响力。为发挥"中国建设监理协会""中国建设监理与咨询"两个微信公众号的宣传服务作用，希望地方和行业协会多做调研、多发现正面典型，为宣传本行业提供素材。

（三）开展监理人员统一服装标识的调研工作

为进一步规范监理工作，提升监理行业形象，提高社会认知度，协会拟对监理人员统一服装标识工作开展前期调研工作。

## 五、提高服务能力和水平

（一）加强行业调查研究，积极反映会员诉求

对关乎监理行业未来发展的问题开展调研，了解行业情况，倾听会员呼声，反映会员诉求，引导行业健康发展。

（二）努力扩大单位会员数量，提高个人会员质量

会员是协会发展的基石，也是行业发展的力量，协会将努力发展单位会员，

希望地方协会给予支持。协会将不断提高个人会员质量，加强个人会员业务辅导工作，更新会员学习园地内容，促进个人会员综合素质提高。

（三）继续做好会费电子支付票据管理工作

协会去年开始实行电子发票，为做好会费电子支付票据管理工作，请各协会继续配合做好相关宣传工作。

（四）开展提升综合服务能力活动

下半年，协会将继续落实好"守规矩和首问办结"服务，希望地方协会继续给予关注和支持，发现"守规矩和首问办结"方面不良现象及时与协会办公室联系。

## 六、完成主管部门交办的各项工作

2021年是"十四五"规划开局之年，也是建党100周年，让我们乘势而上，开启全面建设社会主义现代化国家新征程，在习近平新时代中国特色社会主义思想指引下，围绕"十四五"规划和2035年发展目标，结合监理行业发展实际，认真履行行业协会职能，完成年度工作部署，为推动监理行业高质量发展和树立行业良好形象而共同努力，为祖国的工程建设做出我们监理人应有的贡献！

附件2：

## 在中国建设监理协会六届八次常务理事会上的总结发言

王学军副会长兼秘书长

2021年9月16日

各位会长、常务理事、监事：

2021年9月16日，中国建设监理

协会六届八次常务理事会在山东省建设厅和监理协会的大力支持下，在全体与会代

表的共同努力下，顺利地完成了会议预定议程。会议审议通过了"中国建设监理协

会2021年上半年工作情况和下半年工作安排的报告"；审议通过了"中国建设监理协会关于调整六届理事、常务理事的报告"和"中国建设监理协会关于发展单位会员的报告"；审议通过了"中国建设监理协会关于聘任王红同志为化工监理分会会长的报告"和"中国建设监理协会关于聘任许贤文等同志为石油天然气分会会长、副会长、秘书长的报告"；审议通过了"中国建设监理协会关于终止部分单位会员资格的报告"和"中国建设监理协会关于取消部分个人会员资格的报告"；会议还通报了"中国建设监理协会关于2021年上半年发展个人会员情况的报告"和"中国建设监理协会关于开启支付宝网上缴纳单位会费的预通知"。会议取得了圆满成功。

在会上，王早生会长做的协会2021年上半年工作情况和下半年工作安排报告，反映出在"新冠"疫情分散性爆发的情况下，在地方协会和行业专家委员会的大力支持下，协会在提升会员管理工作水平和提高为会员服务质量，完成政府委托工作和提高行业队伍素质，促进行业高质量发展和加强协会秘书处自身建设等方面做了大量工作，取得了一定成果。受"新冠"疫情影响，有些工作开展遇到一些困难。因此今年最后几个月工作任务比较艰巨。我们要携起手来，发挥各自优势和行业专家队伍作用，完成工作报告中提出的六个方面、十六项工作，尤其是课题研究、团体标准编制、片区会员业务培训等项工作，要克服困难，采取多种方式，完成既定工作。

今年七月下旬，早生同志委派我陪同市场司领导到安徽就全过程工程咨询和政府购买监理巡查服务进行调研，参加了八省市建设主管部门座谈会。会上有八个省

市对开展全过程工程咨询和政府购买监理巡查两项工作情况做了介绍，其中监理企业在两项服务中发展趋势是好的，但也有反映监理行业存在取费低、履职不到位、诚信有待加强等问题。

借此，对行业发展和协会工作讲几点意见，供大家参考：

## 一、正确认识行业发展中出现的问题和现象

监理制度实施三十余年来，监理在国家经济建设，尤其是在保障工程项目质量安全方面发挥了重要作用，取得的成绩是有目共睹的。但是，监理行业在发展过程中确实存在一些这样那样的问题和不良现象。有关部门指出监理存在以下问题：即监理管理不到位，监理人员素质低，缺乏考核机制，存在监而不理的问题。部分建设主管部门检查中发现监理行业存在获取费用低、履职未到位，诚信经营意识不强，廉洁执业意识淡漠等现象。这些问题和现象的发生，既有客观原因，也有主观原因。客观原因是建筑市场法制不健全、诚信意识不强、管理不完全规范，造成监理价格与价值背离。从主观上讲，监理地位被动，逆来顺受，部分监理企业依获取的监理费提供不同的服务。正是这种缺乏长足发展的观念和做法，促使监理服务与取费形成了恶性循环。

我们要正确对待监理发展过中出现的问题和不良现象，既不夸张，也不蔑视。应认真对待，要有刮骨疗伤的勇气，采取有力措施整改。对于社会上流传监理不当言论，坚持有则改之，无则加勉。作为监理人，要坚持监理制度自信、工作自信、能力自信、发展自信。正确认识和处理收费与服务的关系、诚信经营与企业发展的

关系、为业主服务与向社会负责的关系。努力做到尽责履职，为业主创造价值，为社会担当责任，努力做到让业主满意、政府放心、社会认可，用实际行动彰显监理价值。

## 二、走适合监理企业发展的道路

随着国家高质量发展的落实和供给侧结构性改革的推进，建筑业改革发展势在必行。习近平总书记在2021年中国国际服务贸易交流会上指出，建筑业作为国民经济的支柱产业正在从劳动密集型向知识密集型转变。创新管理与服务模式，进行工程进度、质量、安全管理，利用大数据辅助科学管理与决策，打造"中国建造"升级版。国家建设主管部门在建设组织模式、建造方式和咨询服务模式方面正在进行改革。如在建设组织模式方面推行工程总承包；在建造方式方面，推行装配式建筑；在咨询服务模式方面，推行全过程工程咨询（含监理），在加强对工程质量安全管理方面推行政府购买监理巡查服务等。改革是必然趋势，也是时代发展的必然要求。

建设组织模式、建造方式、咨询服务模式变革，有利于建筑领域资源整合，有利于国家工程建设事业健康发展，对监理行业发展也带来了机遇和挑战。监理企业要顺应建筑业改革创新发展趋势，坚定不移走改革创新发展之路，加强人才培养和管理创新，增加监理科技含量，提高监理咨询服务能力和水平。大型监理企业要发挥自身优势，抓住机遇，补足短板，向工程建设上下游发展业务。正确认识和处理全咨咨询与监理的关系、自身发展与引领行业发展的关系。中小

监理企业要强基础，提高人员专业能力，在做专做精做优上下功夫。正确认识和处理服务费用与服务质量的关系、诚实守信与企业发展的关系，努力打造企业品牌。只有这样，监理企业才能在建筑业发展中跟上改革步伐，满足市场需要，体现超强的生命力。

监理企业未来应当是朝着业务多元化、经营诚信化、管理信息化、工作标准化、服务智慧化方向发展。

## 三、保障工程质量安全

工程建设质量安全关系重大，党和国家高度重视。2020 年 4 月，习近平总书记指出，要针对安全生产事故主要特点和突出问题，层层压实责任，狠抓整改落实，强化风险防控，从根本上消除事故隐患，有效遏制重特大事故发生。

监理重要职责是保障工程质量安全，行业内虽对安全职责有争议，但这是中国国情决定的。应当说监理在保障工程质量安全方面的贡献是有目共睹的。目前国家还处在快速发展时期，建设工程项目多、规模大、复杂程度高。在建筑市场法制不健全、诚信意识不强、管理还不完全规范的情况下，保障建设工程质量安全监理队伍仍是一支不可或缺的重要力量。监理人员要正确认识监理与质量安全的关系，履职与责任的关系。监理企业一方面要加大对监理科技设备的投入，发挥现代智能设备在质量安全监理中的作用。同时要强化对项目监理机构的监管，督促监理人员认真履职，提高项目监理机构对质量安全的管控能力，努力将质量安全责任事故消灭在萌芽状态，确保建设工程质量安全。

安全关系国家财产和人民生命，国家高度重视，今年修改并公布了《中华人民共和国安全生产法》，国家每年都组织安全生产大检查，住房城乡建设部不断加强对建筑市场质量安全的监管。尽管如此，但建筑市场安全形势还是非常严峻的，质量安全事故时有发生。事故原因是多方面的，其中有的事故监理人员履职不到位是主要原因之一。

为警示监理人员更好地树立法治意识，认真履行监理职责，减少质量安全责任事故，避免监理人员责任追究，按照建设主管部门要求，协会组织编写了《建设监理警示录》，该书收集了二十余起质量安全事故典型案例，希望地方协会和行业专业委员会做好宣传，使该书真正起到对监理人员的警示教育作用。

## 四、积极推进会员单位诚信建设

党和国家高度重视信用建设，国家"十四五"规划对建立健全社会信用体系提出了明确的发展目标，住房城乡建设部建立了建筑市场监管"四库一平台"，有的地方政府将企业信用列为建筑市场准入的条件，有的地方政府将企业信誉与招投标挂钩。中国建设监理协会领导集体高度重视行业自律管理，近些年组织专家研究制定行规公约，到目前会员管理诚信体系基本健全。

2020 年下半年在单位会员范围内开展信用自评估活动。在地方协会的支持下，全国有近 800 家单位会员参加了自评估活动，占单位会员总数的 68%，平均分数 91.27 分。参评率 80% 以上省（市）有 19 个，其中重庆、云南两地参评率为 100%。应当说参加自评的单位会员信用还是很好的，大多数单位会员对企业诚信建设是高度重视的，对监理事业是充满信心的。人无信不立，企无信不兴。大多数会员单位重视企业诚信建设，在诚信经营和廉洁执业方面有制度，对违反者有处理办法，这些企业市场信誉好，企业发展比较稳定；少数会员单位对企业信誉和形象不够重视，在经营和执业方面存在不守承诺、不廉洁现象，这些企业信誉则受到不同程度损害，也影响到企业的正常经营。

目前，单位会员信用自评估工作已经结束，第一批单位会员自评估结果已在会员内部进行公布，目前反映良好，对会员诚信经营正在发挥促进作用。希望没有参加自评估的单位会员根据自评估标准尽快补足短板，积极参加下一批单位会员信用自评估活动，争取获得好的自评结果。地方协会要做好宣传引导工作，争取单位会员全部参加，诚信指导组成员要做好答疑解惑工作，保障自评活动顺利进行。

对单位会员自评估结果，协会将依规进行动态管理。同时，拟与住房城乡建设部主管部门协商将诚信评估结果纳入市场管理内容，在适当时间向社会公开，以达到弘扬正气、促进行业诚信发展之目的。

各位会长、各位常务理事，我们要在协会领导集体带领下，携起手来，努力完成协会下半年工作任务，不辜负社会和会员的期望，为促进监理行业健康发展，为落实"十四五"规划，为实现中华民族伟大复兴做出监理人应有的贡献！

# 全国建设工程监理行业统计数据分析及发展思考

孙璐　杨溢

中国建设监理协会行业发展部

我国自 2005 年开始实行建设工程监理统计制度，按时、准确上报统计报表是每个监理企业的法定义务。现就 2015—2020 年全国工程监理企业统计数据进行分析。

## 一、全国建设工程监理行业基本情况

截至 2020 年末，全国共有工程监理企业 9900 家，其中综合资质 246 家，甲级监理资质 4036 家，乙级监理资质 4542 家，丙级监理资质 1074 家，事务所资质 2 家。全国工程监理企业营业收入 7178.16 亿元，其中工程监理收入 1590.76 亿元，占总营业收入的 22.16%；工程勘察设计、工程招标代理、工程造价咨询、工程项目管理与咨询服务、工程施工及其他业务收入 5587.4 亿元，占总营业收入的 77.84%。全国工程监理企业从业人员 1393595 人，其中工程监理人员 838006 人，占从业人员 60.13%；注册监理工程师 201204 人，占工程监理人员 14.43%。2020 年工程监理人员人均产值 18.98 万元。2020 年我国境内新开工项目数为 466634 个，在建项目 625379 个，其中必须实行监理的项目数量 510171 个，境外在建项目 542 个。

### （一）企业工商注册登记类型

2015—2020 年，全国工程监理企业数量分别为 7433 家、7483 家、7945 家、8393 家、8469 家、9900 家。我国工程监理企业主要的形式为有限责任公司、私营企业、国有企业和股份有限公司，同时有少量集体企业、股份合作企业及其他类型企业。有限责任公司、集体企业占比总体呈现下降趋势，有限责任公司 2018 年数量增加后即呈下降趋势，由 60.97% 降至 40.06%，而私营企业的数量自 2019 年起明显增多，由 26.3% 增至 43.83%（表 1）。

### （二）企业监理资质等级情况

2015—2020 年，全国工程监理企业数量分别为 7433 家、7483 家、7945 家、8393 家、8469 家、9900 家，其中综合资质占企业总数比例分别为 1.71%、1.99%、2.09%、2.28%、2.48%、2.48%，甲级资质企业占比分别为 43.71%、45.16%、44.49%、43.81%、44.40%、40.77%，乙级资质企业占比分别为 38.48%、38.34%、39.43%、41.73%、42.08%、45.88%，丙级和事务所资质企业占比分别为 16.10%、14.51%、13.98%、12.19%、11.04%、10.87%。从图 1 资质等级分布情况和相

2015—2020年企业工商注册登记类型分布情况（单位：家）　　　　表1

| 登记类型＼年份 | 2015年 | 2016年 | 2017年 | 2018年 | 2019年 | 2020年 |
|---|---|---|---|---|---|---|
| 国有企业 | 607 | 549 | 554 | 500 | 654 | 649 |
|  | 8.17% | 7.34% | 6.97% | 5.96% | 7.72% | 6.56% |
| 集体企业 | 46 | 49 | 57 | 47 | 47 | 38 |
|  | 0.62% | 0.65% | 0.72% | 0.56% | 0.55% | 0.38% |
| 股份合作 | 49 | 35 | 31 | 34 | 41 | 41 |
|  | 0.66% | 0.47% | 0.39% | 0.41% | 0.48% | 0.41% |
| 有限责任 | 4031 | 4196 | 4355 | 5117 | 3397 | 3966 |
|  | 54.23% | 56.07% | 54.81% | 60.97% | 40.11% | 40.06% |
| 股份有限 | 675 | 578 | 597 | 370 | 621 | 657 |
|  | 9.08% | 7.72% | 7.51% | 4.41% | 7.33% | 6.64% |
| 私营企业 | 1952 | 1992 | 2258 | 2207 | 3537 | 4339 |
|  | 26.26% | 26.62% | 28.42% | 26.30% | 41.76% | 43.83% |
| 其他类型 | 73 | 84 | 93 | 118 | 172 | 210 |
|  | 0.98% | 1.12% | 1.17% | 1.41% | 2.03% | 2.12% |
| 合计 | 7433 | 7483 | 7945 | 8393 | 8469 | 9900 |

关数据可看出，综合资质、甲级和乙级资质企业数量占比逐年递增，丙级和事务所资质企业数量占比逐年递减，2020年甲级和乙级资质企业数量占企业总数的86.65%。监理企业资质构成呈现类"菱形"状。

（三）监理企业从业人员情况

2015—2020年全国监理企业从业人员数量逐年递增，人数分别为946466、1000489、1071780、1169275、1295721、1393595。工程监理人员占从业人员总数比例分别为73.83%、71.63%、71.28%、67.35%、61.93%、60.13%，占比呈下降趋势。由于2018年监理统计数据新增了工程施工人员，扣除工程施工人员数量，2018—2020年工程监理人员占从业人员总数比例分别为72.57%、69.20%、67.16%；工程监理人员数量增长率分别为−0.62%、2.56%、6.60%、3.09%、1.9%、4.43%。注册监理工程师数量占工程监理人员数量的比例分别为21.37%、21.11%、21.46%、22.62%、21.60%、24.01%，增长率分别为8.67%、1.32%、8.36%、8.68%、−2.73%、16.09%（图2）。注册监理工程师数量总体保持增长，且在工程监理人员中所占比例保持稳定。2020年，监理工程师职业资格考试取消了取得中级职称满三年的报考条件，有助于壮大注册监理工程师队伍。

（四）监理企业业务承揽情况

如表2所示，2015—2020年，全国工程监理企业承揽合同份额别为2846.74亿元、3084.83亿元、3962.96亿元、5902.42亿元、8500.94亿元、9951.73亿元，分别同比增长16.90%、8.36%、28.47%、48.94%、44.02%、17.07%。其中工程监理合同额占总业务量的比例分别为44.11%、45.39%、42.30%、

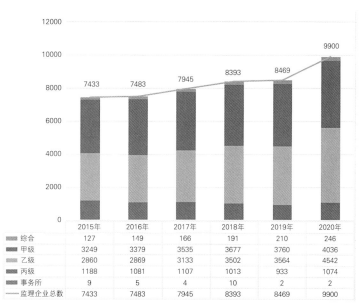

图1　2015—2020年全国工程监理企业资质等级分布情况（单位：家）

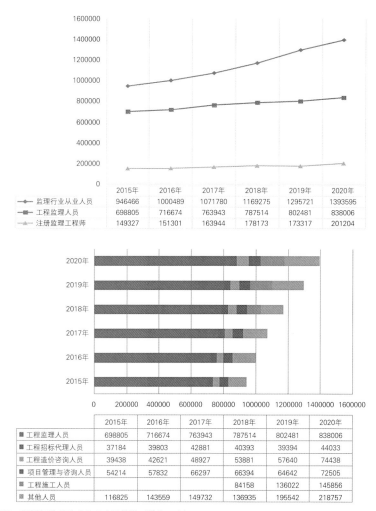

图2　2015—2020年监理企业从业人员情况（单位：人）

32.48%、23.38%、21.77%，同比增长率分别为 −1.85%、11.52%、19.72%、14.36%、3.67%、8.98%。其他业务承揽合同额（包含工程勘察设计、工程招标代理、工程造价咨询、项目管理与咨询、工程施工及其他服务）的同比增长率分别为 37.64%、5.87%、35.74%、74.29%、63.43%、19.53%。

（五）监理企业收入情况

如图3所示，2015—2020年，全国工程监理企业营业收入分别为 2474.94 亿元、2695.59 亿元、3281.72 亿元、4314.42 亿元、5994.48 亿元、7178.16 亿元，同比增长率分别为 11.43%、8.92%、21.74%、31.47%、38.94%、19.75%，工程监理收入同比增长率分别为 3.98%、10.26%、7.3%、11.68%、12.26%、7.04%，其他业务收入（包含工程招标代理、工程造价咨询、项目管理与咨询服务、工程施工及其他服务收入）同比增长率分别为 17.14%、8%、31.78%、42.66%、50.75%、23.93%。

## 二、全国建设工程监理行业的发展特点

（一）工程监理业务收入占比下降，企业经营范围多元化

2015—2020年全国工程监理企业工程监理收入占总收入比例分别为 40.48%、40.98%、36.12%、30.68%、24.79%、22.16%，其中 2018—2020 年扣除工程施工收入，工程监理收入的占比分别为 41.51%、39.13%、36.81%；其他业务收入（包含工程招标代理、工程造价咨询、项目管理与咨询服务、工程施工及其他服务收入）占总收入比例分别为 59.52%、59.02%、63.88%、69.33%、75.21%，其中 2018—2020 年工程施工收入占总收入比例分别为 26.09%、36.65%、39.8%（图4）。

虽然监理行业规模和经营范围在不断扩大，工程监理收入保持增长且增速稳定，但工程监理收入占比呈现下降趋势，其他业务收入占比逐年递增。2020 年，工程监理收入仅占总营业收入的 22.16%，一方面原因是工程施工收入纳入了监理统计范围，工程施工收入占监理行业总营业收入比例较高，达到 39.8%；另一方面，从一定程度上体现了监理行业信心不足，发展驱动力不足。监理企业为提升自身抗风险能力，采取多元化经营，提高企业营业效益。

（二）从业人员专业结构多元化，技术人员结构稳定

2015—2020 年，全国监理企业中工程招标代理人员、工程造价咨询人员、项目管理与咨询服务人员、工程施工人员及其他从业人员数量同比增长率分别为 3.59%、14.60%、8.46%、−3.32%、20.03%、12.64%；占从业人

### 2015—2020年监理企业业务承揽情况（单位：亿元） 表2

| 业务类型＼年份 | 2015年 | 2016年 | 2017年 | 2018年 | 2019年 | 2020年 |
|---|---|---|---|---|---|---|
| 工程监理合同额 | 1255.56 | 1400.22 | 1676.32 | 1917.05 | 1987.50 | 2166.02 |
| 勘察设计合同额 | 337.74 | 393.70 | 531.06 | 639.79 | 978.10 | 991.08 |
| 招标代理合同额 | 202.89 | 163.40 | 138.48 | 294.21 | 102.22 | 130.32 |
| 工程造价咨询合同额 | 269.934 | 161.75 | 117.51 | 293.47 | 205.64 | 286.84 |
| 项目管理与咨询服务合同额 | 212.80 | 242.06 | 290.65 | 351.14 | 530.46 | 561.76 |
| 工程施工合同额 | / | / | / | 1337.96 | 2618.86 | 3371.78 |
| 其他业务合同额 | 567.81 | 723.71 | 1208.94 | 1068.81 | 2078.19 | 2443.93 |

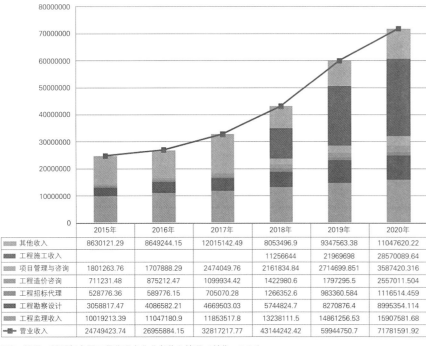

| | 2015年 | 2016年 | 2017年 | 2018年 | 2019年 | 2020年 |
|---|---|---|---|---|---|---|
| 其他收入 | 8630121.29 | 8649244.15 | 12015142.49 | 8053496.9 | 9347563.38 | 11047620.22 |
| 工程施工收入 | | | | 11256644 | 21969698 | 28570089.64 |
| 项目管理与咨询 | 1801263.76 | 1707888.29 | 2474049.76 | 2161834.84 | 2714699.851 | 3587420.316 |
| 工程造价咨询 | 711231.48 | 875212.47 | 1099934.42 | 1422980.6 | 1797295.5 | 2557011.504 |
| 工程招标代理 | 528776.36 | 589776.15 | 705070.28 | 1266352.6 | 983360.584 | 1116514.459 |
| 工程勘察设计 | 3058817.47 | 4086582.21 | 4669503.03 | 5744824.7 | 8270876.4 | 8995354.114 |
| 工程监理收入 | 10019213.39 | 11047180.9 | 11853517.8 | 13238111.5 | 14861256.53 | 15907581.68 |
| 营业收入 | 24749423.74 | 26955884.15 | 32817217.77 | 43144242.42 | 59944750.7 | 71781591.92 |

图3 2015—2020年全国工程监理企业业务收入情况（单位：万元）

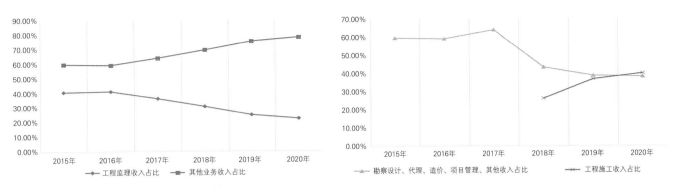

图4 2015—2020年全国工程监理企业业务收入占比情况

员总数比例分别为 26.17%、28.37%、28.72%、32.62%、38.07%、39.87%，其中 2018—2020 年工程施工人员占从业人员总数比例分别为 7.20%、10.50%、10.47%。全国监理企业从业人员数量和工程监理人员数量逐年增加，工程监理人员占从业人员总数比例及增速总体呈现下降趋势，其他专业人员占比和增速呈现上升趋势，从业人员专业结构多元化（图5）。

2015—2020 年，全国专业技术人员占从业人员总数的比例分别为 86.63%、84.90%、85.33%、80.63%、74.84%、72.9%。其中，高级职称分别占专业技术人员总数的 14.98%、15.18%、15.13%、15.20%、15.78%、

16.17%，中级职称分别占专业技术人员总数的 43.81%、43.52%、43.50%、42.90%、42.76%、42.14%，初级职称分别占专业技术人员总数的 25.06%、25.05%、24.41%、23.68%、23.44%、22.4%。近 6 年专业技术人员数量稳步增长，职称结构保持稳定（图6）。

**（三）监理企业专业资质类别集中**

2015—2020 年，按主营业务划分，我国持有房屋建筑工程资质的企业最多，其次为市政公用工程资质，其他专业资质中电力工程、化工石油工程、水利水电工程资质的监理企业相对较多。监理人员数量也以房建、市政、电力专业人员居多。监理业务承揽以房屋建筑工程、市政公用工程和电力工程为主，其他专业领域的承

揽合同额相对较低且对专业性要求更高，专业人才较稀缺。当前，我国工程建设项目中房屋建筑工程专业在建项目占半数以上，主营房建专业企业多，房建类监理人才密集，市场竞争激烈。除房建、市政专业外，其他专业领域由于专业性更强，基本处于行业垄断，未能形成充分的市场竞争（表3、图7、图8）。

**（四）监理企业经营规模扩大，人均产值保持增长**

2015—2020 年，全国工程监理企业人均总产值分别为 26.15 万元、26.94 万元、30.62 万元、36.90 万元、46.26 万元、51.51 万元，增长率分别为 10.90%、3.03%、13.65%、20.51%、25.38%、11.34%，工程监理人均产值分别为 14.34

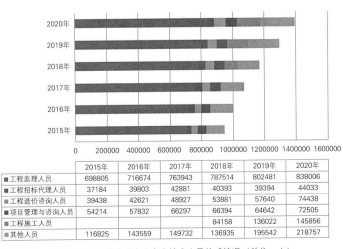

| | 2015年 | 2016年 | 2017年 | 2018年 | 2019年 | 2020年 |
|---|---|---|---|---|---|---|
| ■工程监理人员 | 698805 | 716674 | 763943 | 787514 | 802481 | 838006 |
| ■工程招标代理人员 | 37184 | 39803 | 42621 | 40393 | 39394 | 44033 |
| ■工程造价咨询人员 | 39438 | 42621 | 48927 | 53881 | 57640 | 74438 |
| ■项目管理与咨询人员 | 54214 | 57832 | 66297 | 66394 | 64642 | 72505 |
| ■工程施工人员 | | | | 84158 | 136022 | 145856 |
| ■其他人员 | 116825 | 143559 | 149732 | 136935 | 195542 | 218757 |

图5 2015—2020年全国工程监理企业专业技术人员构成情况（单位：人）

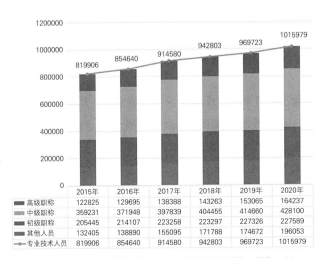

| | 2015年 | 2016年 | 2017年 | 2018年 | 2019年 | 2020年 |
|---|---|---|---|---|---|---|
| ■高级职称 | 122825 | 129695 | 138388 | 143263 | 153065 | 164237 |
| ■中级职称 | 359231 | 371948 | 397839 | 404455 | 414660 | 428100 |
| ■初级职称 | 205445 | 214107 | 223258 | 223297 | 227326 | 227589 |
| ■其他人员 | 132405 | 138890 | 155095 | 171788 | 174672 | 196053 |
| ◆专业技术人员 | 819906 | 854640 | 914580 | 942803 | 969723 | 1015979 |

图6 2015—2020年全国工程监理企业从业人员职称结构情况（单位：人）

2015—2020年各资质企业数量及比例情况（单位：家）　　　　表3

| 年份<br>资质 | 2015年 | | 2016年 | | 2017年 | | 2018年 | | 2019年 | | 2020年 | |
|---|---|---|---|---|---|---|---|---|---|---|---|---|
| 综合资质 | 127 | 1.71% | 149 | 1.99% | 166 | 2.09% | 191 | 2.28% | 210 | 2.48% | 246 | 2.48% |
| 房屋建筑工程 | 6121 | 82.35% | 6109 | 81.64% | 6394 | 80.48% | 6610 | 78.76% | 6572 | 77.60% | 7658 | 77.35% |
| 冶炼工程 | 28 | 0.38% | 20 | 0.27% | 19 | 0.24% | 22 | 0.26% | 24 | 0.28% | 25 | 0.25% |
| 矿山工程 | 31 | 0.42% | 31 | 0.41% | 33 | 0.42% | 39 | 0.46% | 43 | 0.51% | 37 | 0.37% |
| 化工石油工程 | 145 | 1.95% | 148 | 1.98% | 140 | 1.76% | 137 | 1.63% | 138 | 1.63% | 151 | 1.53% |
| 水利水电工程 | 77 | 1.04% | 78 | 1.04% | 89 | 1.12% | 111 | 1.32% | 105 | 1.24% | 122 | 1.23% |
| 电力工程 | 277 | 3.73% | 293 | 3.92% | 341 | 4.29% | 376 | 4.48% | 390 | 4.61% | 415 | 4.19% |
| 农林工程 | 23 | 0.31% | 20 | 0.27% | 17 | 0.21% | 16 | 0.19% | 17 | 0.20% | 18 | 0.18% |
| 铁路工程 | 54 | 0.73% | 53 | 0.71% | 51 | 0.64% | 51 | 0.61% | 53 | 0.63% | 58 | 0.59% |
| 公路工程 | 27 | 0.36% | 24 | 0.32% | 28 | 0.35% | 39 | 0.46% | 63 | 0.74% | 85 | 0.86% |
| 港口与航道工程 | 9 | 0.12% | 9 | 0.12% | 9 | 0.11% | 6 | 0.07% | 8 | 0.09% | 7 | 0.07% |
| 航天航空工程 | 7 | 0.09% | 7 | 0.09% | 7 | 0.09% | 8 | 0.10% | 8 | 0.09% | 8 | 0.08% |
| 通信工程 | 12 | 0.16% | 18 | 0.24% | 29 | 0.37% | 47 | 0.56% | 49 | 0.58% | 50 | 0.51% |
| 市政公用工程 | 483 | 6.50% | 516 | 6.90% | 616 | 7.75% | 729 | 8.69% | 783 | 9.25% | 1008 | 10.18% |
| 机电安装工程 | 3 | 0.04% | 3 | 0.04% | 2 | 0.03% | 1 | 0.01% | 4 | 0.05% | 10 | 0.10% |
| 事务所资质 | 9 | 0.12% | 5 | 0.07% | 4 | 0.05% | 10 | 0.12% | 2 | 0.02% | 2 | 0.02% |

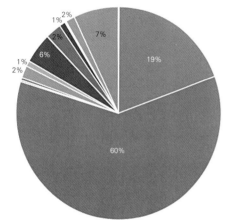

■综合资质19.26%　　　■房屋建筑工程60.48%　　□冶炼工程0.25%　　　■矿山工程0.39%
■化工、石油工程1.86%　　■水利水电工程0.86%　　■电力工程4.60%　　　□农林工程0.06%
■铁路工程2.49%　　　　　□公路工程0.95%　　　　■港口与航道工程0.08%　■航天航空工程0.16%
■通信工程1.44%　　　　　■市政公用工程7.05%　　■机电安装工程0.13%　　■事务所0.00%

图7　2020年各专业资质类别工程监理人员占比情况

■综合资质27.75%　　　■房屋建筑工程51.04%　　□冶炼工程0.20%　　　■矿山工程0.30%
■化工、石油工程1.53%　　■水利水电工程0.94%　　■电力工程5.37%　　　□农林工程0.03%
■铁路工程2.35%　　　　　■公路工程1.32%　　　　■港口与航道工程0.16%　■航天航空工程0.31%
■通信工程1.51%　　　　　■市政公用工程7.13%　　■机电安装工程0.05%　　■事务所0.00%

图8　2020年各专业资质类别合同承揽额占比情况

万元、15.41万元、15.52万元、16.81万元、18.52万元、18.98万元，增长率分别为 4.63%、7.51%、0.66%、8.34%、10.17%、2.49%；其他业务（包含工程招标代理、工程造价咨询、项目管理与咨询服务、工程施工及其他服务）人均产值分别为59.48万元、56.05万元、68.1万元、78.34万元、91.4万元、100.57万

元，增长率分别为 12.90%、-5.76%、21.49%、15.03%、16.68%、10.03%。

监理企业人均营业产值水平呈稳步增长；工程监理人均产值增长缓慢，其他业务人均产值增幅明显。监理企业转变单一经营模式，由工程监理向建筑产业"上下游"拓展延伸，使监理企业效益不断提升，人均产值水平不断提升（图9）。

## 三、从统计数据分析监理行业发展中存在的问题

（一）企业经营成本加大，监理行业发展质量不高

2015—2020 年，监理企业营业收入增长率分别为 11.43%、8.92%、21.74%、31.47%、38.94%、19.75%，

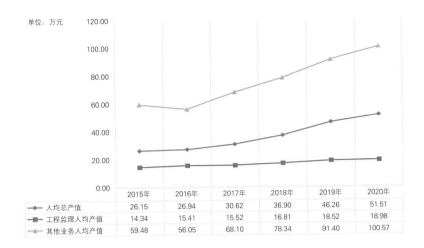

单位：万元

| | 2015年 | 2016年 | 2017年 | 2018年 | 2019年 | 2020年 |
|---|---|---|---|---|---|---|
| 人均总产值 | 26.15 | 26.94 | 30.62 | 36.90 | 46.26 | 51.51 |
| 工程监理人均产值 | 14.34 | 15.41 | 15.52 | 16.81 | 18.52 | 18.98 |
| 其他业务人均产值 | 59.48 | 56.05 | 68.10 | 78.34 | 91.40 | 100.57 |

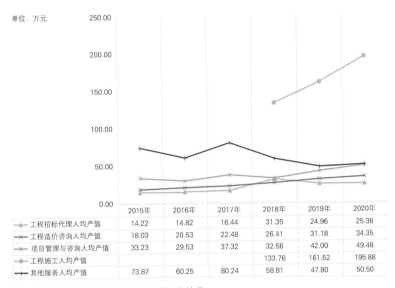

单位：万元

| | 2015年 | 2016年 | 2017年 | 2018年 | 2019年 | 2020年 |
|---|---|---|---|---|---|---|
| 工程招标代理人均产值 | 14.22 | 14.82 | 16.44 | 31.35 | 24.96 | 25.36 |
| 工程造价咨询人均产值 | 18.03 | 20.53 | 22.48 | 26.41 | 31.18 | 34.35 |
| 项目管理与咨询人均产值 | 33.23 | 29.53 | 37.32 | 32.56 | 42.00 | 49.48 |
| 工程施工人均产值 | | | | 133.76 | 161.52 | 195.88 |
| 其他服务人均产值 | 73.87 | 60.25 | 80.24 | 58.81 | 47.80 | 50.50 |

图9 2015—2020年全国工程监理企业人均产值变化情况

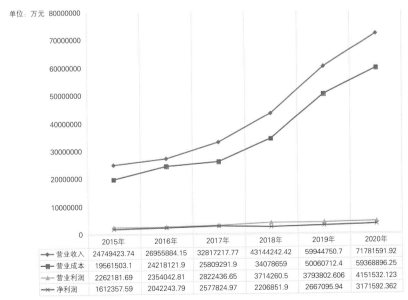

单位：万元

| | 2015年 | 2016年 | 2017年 | 2018年 | 2019年 | 2020年 |
|---|---|---|---|---|---|---|
| 营业收入 | 24749423.74 | 26955884.15 | 32817217.77 | 43144242.42 | 59944750.7 | 71781591.92 |
| 营业成本 | 19561503.1 | 24218121.9 | 25809291.9 | 34078659 | 50060712.4 | 59368896.25 |
| 营业利润 | 2262181.69 | 2354042.81 | 2822436.65 | 3714260.5 | 3793802.606 | 4151532.123 |
| 净利润 | 1612357.59 | 2042243.79 | 2577824.97 | 2206851.9 | 2667095.94 | 3171592.362 |

图10 2015—2020年全国工程监理企业营业收入、营业成本及净利润变化情况

经营成本增长率分别为15.81%、23.81%、6.57%、32.04%、46.90%、18.59%，企业经营成本的增速超过营业收入增长速度，仅2017年和2020年经营成本增长率低于营业收入增长率，企业面临的经营压力进一步加大。监理企业营业利润率分别为9.14%、8.73%、8.60%、8.61%、6.33%、5.78%，净利润率分别为6.51%、7.58%、7.86%、5.12%、4.45%、4.42%，利润率整体呈现下降趋势，经营效益下降。虽然监理行业营业收入保持增长，但经营成本的增加、效益的下降对企业可持续发展产生严重制约，不利于高质量发展（图10）。

（二）监理行业集中度不高，不利于行业良性发展

行业集中度又称行业集中率，是指在某个市场中参与竞争的企业的数量、规模和分布，是行业内前N家最大的企业所占市场份额的总和，是对整个行业的市场结构集中程度的测量指标，是市场势力的重要量化指标。行业集中程度越低，竞争越激烈，利润率越低。

2015—2020年全国监理行业集中率分别为3.68%、3.56%、3.73%、3.91%、4.20%、4.46%，属于分散竞争型行业（CR8小于20%且企业的市场占有率没有绝对优势，企业的单独行为不能影响整个行业的发展变化）。从数据看，监理行业发展有集中趋势，但行业集中率指数仍然很低。

从监理企业数量及分布分析，2015—2020年，我国六大地区监理企业数量增长以华东地区、西南地区和中南地区增长较为明显，东北地区企业数量基本处于负增长，华北、西北地区企业数量整体呈现下降趋势。2020年，华东、中南、西南地区监理企业数

量占全国监理企业数量分别为39.98%、19.49%、11.81%。华东、中南地区监理企业工程监理收入占全国工程监理收入分别为6.9%、6.24%。监理收入百强企业中华东、中南地区分别有32家、33家企业，工程监理收入占百强企业工程监理收入分别为34.17%、30.89%。华东、中南地区监理企业分布较多，市场竞争较大（表4）。

从监理企业资质和规模分析，当前监理企业资质等级呈现类"菱形"状，企业层次不分明，未形成金字塔结构。2015—2020年，全国百强监理企业中综合资质企业数量占全国综合资质企业数量的比例分别为42.52%、37.58%、38.55%、36.13%、31.90%、30.49%，占比整体呈下降趋势。2020年，综合资质企业的工程监理收入占全国监理企业工程监理收入比例为25.3%，比例不高。百强企业的工程监理收入占全国工程监理收入比例略有下降，工程监理人员数量占全国工程监理人员数量比例总体有所增长。监理收入百强企业、综合资质企业未能在市场竞争中占领绝对优势（图11、表5）。

这一定程度体现出我国综合资质企业规模仍不够大，实力不够强，未充分发挥引领行业发展的作用。专业资质的企业未能充分发挥"专"的优势，提供精准细化的全方位专业服务。资质等级高的企业大而不强，资质等级低的企业小而不专，不利于行业良性发展。

随着《国务院关于深化"证照分离"改革进一步激发市场主体发展活力的通知》（国发〔2021〕7号）文件的贯彻落实，取消丙级和事务所工程监理资质认定，行业内势必展开一次大规模的监理人员和资质结构整合，促进监理行业搭建"金字塔"结构。

（三）各地区监理行业发展不均衡

受我国地区经济发展不均衡，经济投资、项目建设规划等因素影响，各地区监理行业发展不均衡。2015—2020年，我国六大地区监理企业工程监理收入从高到低依次为华东地区、中南地区、华北地区、西南地区、西北地区、东北地区，工程监理收入最高的华东地区和最低的东北地区相差532.05亿元，且差距逐年加大。地区内各省份之间的发展差异也较大，以华东地区为例，2020年工程监理收入最高和最低的省份相差112.63亿元（图12）。

2020年，平均单家监理企业工程监理收入为1606.83万元，全国31个行政地区中，有13个地区超过平均水平；全国六大地区中，华北、中南2个地区超过平均水平，华东地区虽然工程监理收入位列第一，但企业数量多达3958家，导致地区平均单家企业工程监理收入未超过平

**2015—2020年全国六大地区监理企业数量分布情况（单位：家）**　表4

| 年份<br>地区 | 2015年 | 2016年 | 2017年 | 2018年 | 2019年 | 2020年 |
|---|---|---|---|---|---|---|
| 华北地区 | 1109 | 1110 | 1121 | 1166 | 1088 | 1118 |
| 东北地区 | 723 | 700 | 719 | 703 | 656 | 677 |
| 华东地区 | 2549 | 2587 | 2788 | 3019 | 3153 | 3958 |
| 中南地区 | 1497 | 1497 | 1589 | 1697 | 1709 | 1930 |
| 西南地区 | 723 | 745 | 818 | 915 | 988 | 1170 |
| 西北地区 | 832 | 844 | 910 | 893 | 875 | 1042 |

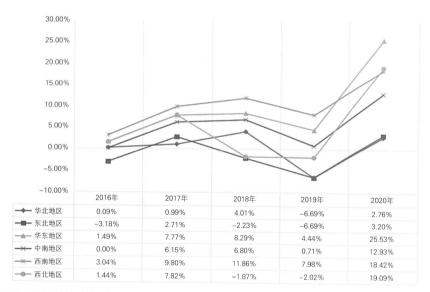

| | 2016年 | 2017年 | 2018年 | 2019年 | 2020年 |
|---|---|---|---|---|---|
| 华北地区 | 0.09% | 0.99% | 4.01% | -6.69% | 2.76% |
| 东北地区 | -3.18% | 2.71% | -2.23% | -6.69% | 3.20% |
| 华东地区 | 1.49% | 7.77% | 8.29% | 4.44% | 25.53% |
| 中南地区 | 0.00% | 6.15% | 6.80% | 0.71% | 12.93% |
| 西南地区 | 3.04% | 9.80% | 11.86% | 7.98% | 18.42% |
| 西北地区 | 1.44% | 7.82% | -1.87% | -2.02% | 19.09% |

图11　近5年全国六大地区监理企业数量增长情况

**全国百强监理企业工程监理收入、工程监理人员比例情况**　表5

| 年份<br>占比类别 | 2015年 | 2016年 | 2017年 | 2018年 | 2019年 | 2020年 |
|---|---|---|---|---|---|---|
| 工程监理收入占比 | 20.01% | 20.18% | 20.37% | 19.48% | 19.73% | 20.21% |
| 工程监理人员占比 | 13.16% | 17.09% | 13.69% | 13.76% | 14.47% | 14.39% |

单位：万元
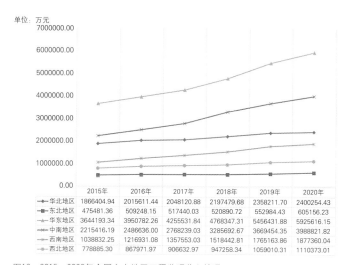

| | 2015年 | 2016年 | 2017年 | 2018年 | 2019年 | 2020年 |
|---|---|---|---|---|---|---|
| 华北地区 | 1866404.94 | 2015611.44 | 2048120.88 | 2197479.68 | 2358211.70 | 2400254.43 |
| 东北地区 | 475481.36 | 509248.15 | 517440.03 | 520890.72 | 552984.43 | 605156.23 |
| 华东地区 | 3644193.34 | 3950782.26 | 4255531.84 | 4768347.31 | 5456431.88 | 5925616.15 |
| 中南地区 | 2215416.19 | 2486636.00 | 2768239.03 | 3285692.67 | 3669454.35 | 3988821.82 |
| 西南地区 | 1038832.25 | 1216931.08 | 1357553.03 | 1518442.81 | 1765163.86 | 1877360.04 |
| 西北地区 | 778885.30 | 867971.97 | 906632.97 | 947258.34 | 1059010.31 | 1110373.01 |

图12　2015—2020年全国六大地区工程监理收入情况

单位：万元
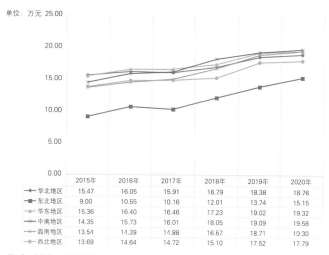

| | 2015年 | 2016年 | 2017年 | 2018年 | 2019年 | 2020年 |
|---|---|---|---|---|---|---|
| 华北地区 | 15.47 | 16.05 | 15.91 | 16.79 | 18.38 | 18.76 |
| 东北地区 | 9.00 | 10.55 | 10.16 | 12.01 | 13.74 | 15.15 |
| 华东地区 | 15.36 | 16.40 | 16.46 | 17.23 | 19.02 | 19.32 |
| 中南地区 | 14.35 | 15.73 | 16.01 | 18.05 | 19.09 | 19.58 |
| 西南地区 | 13.54 | 14.39 | 14.88 | 16.67 | 18.71 | 19.30 |
| 西北地区 | 13.69 | 14.64 | 14.72 | 15.10 | 17.52 | 17.79 |

图13　2015—2020年全国六大地区工程监理人均产值情况

均值。近几年，华东地区平均单家企业工程监理收入也是徘徊在平均水平。

2015—2020年，我国六大地区监理企业工程监理人均产值从高到低依次为中南地区、华东地区、西南地区、华北地区、西北地区、东北地区，工程监理人均产值最高的中南地区与收入最低的东北地区相差4.43万元，差距有逐年缩小趋势。近年，东北和西北地区工程监理人均产值增速较为明显（图13）。

地区间的发展不均衡，使得发达地区的企业数量不断增加，但市场份额有限，企业为打破地域限制，不断发展分公司或分支机构，在一定程度上加大了经营成本。2020年，除了东北地区，其他地区较上年营业成本增加均为10%以上，其中2019年华东地区经营成本较上年增长90.23%。欠发达地区企业发展动力不足，不利于资源合理配置，人才流失严重，导致恶性循环（图14）。

（四）监理人员数量与在建项目数量不匹配

2015—2019年我国境内在建建设工程监理项目数量逐年增加，且增长速度较快，而工程监理人员数量和注册监理工程师数量增长速度缓慢，2019年注册监理工程师数量出现了负增长，注册监理工程师数量与在建项目数量不匹配，影响了项目监理机构的履职水平；2020年因监理工程师职业资格考试取消了取得中级职称满三年的报考条件，注册监理工程师增长率有所回升，一定程度缓解了人员数量不足的局面。2015—2020年，平均每个在建项目注册监理工程师和工程监理人员配置率呈现下降趋势，监理人员数量的增长速度赶不上在建项目数量增长的速度，人少项目多的问题依然存在，是导致项目监理机构到岗履职较差的一个重要因素（图15、表6）。

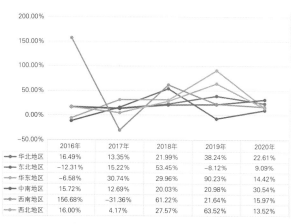

| | 2016年 | 2017年 | 2018年 | 2019年 | 2020年 |
|---|---|---|---|---|---|
| 华北地区 | 16.49% | 13.35% | 21.99% | 38.24% | 22.61% |
| 东北地区 | -12.31% | 15.22% | 53.45% | -8.12% | 9.09% |
| 华东地区 | -6.58% | 30.74% | 29.96% | 90.23% | 14.42% |
| 中南地区 | 15.72% | 12.69% | 20.03% | 20.98% | 30.54% |
| 西南地区 | 156.68% | -31.36% | 61.22% | 21.64% | 15.97% |
| 西北地区 | 16.00% | 4.17% | 27.57% | 63.52% | 13.52% |

图14　2016—2020年六大地区经营成本增长率情况

| | 2016年 | 2017年 | 2018年 | 2019年 | 2020年 |
|---|---|---|---|---|---|
| 在建监理项目数量增长率 | 14.86% | 8.48% | 19.38% | 29.18% | -17.01% |
| 注册监理工程师增长率 | 1.32% | 8.36% | 8.68% | -2.73% | 16.09% |
| 工程监理人员增长率 | 2.56% | 6.60% | 3.09% | 1.90% | 4.43% |

图15　2016—2020年监理人员和在建项目增长率情况

监理人员数量与在建项目数量匹配情况　　　　表6

| 类别 ＼ 年份 | 2015年 | 2016年 | 2017年 | 2018年 | 2019年 | 2020年 |
|---|---|---|---|---|---|---|
| 境内在建建设工程监理项目数量/个 | 392199 | 450485 | 488670 | 583376 | 753604 | 625379 |
| 注册监理工程师数量/人 | 149327 | 151301 | 163944 | 178173 | 173317 | 201204 |
| 工程监理人员数量/人 | 698805 | 716674 | 763943 | 787514 | 802481 | 838006 |
| 平均每个在建项目注册监理工程师配置数/人 | 0.38 | 0.34 | 0.34 | 0.31 | 0.23 | 0.32 |
| 平均每个在建项目工程监理人员配置数量/人 | 1.78 | 1.59 | 1.56 | 1.35 | 1.06 | 1.34 |

## 四、监理行业发展思考

建设工程监理制度自1988年试点至今已有30余载，工程监理行业从无到有，从弱到强，从单一到多元，在确保我国建设工程质量安全、建设工程投资效益等方面发挥了显著作用，同时推进了我国工程管理与国际化接轨。在30多年的发展中，也突显了一些问题，阻碍了监理行业高质量发展。现结合统计数据分析情况，思考监理行业发展对策，供参考。

（一）加强信息化建设，降低经营成本，提高工作效能

随着我国数量型人口红利的消减与人口老龄化程度进一步加深，工程监理行业这样的技术人员密集型咨询服务行业，势必受到一定影响。由于人口红利效应减弱，人工成本进一步提高，企业跨区域承接业务的管理成本加大等各方面因素，导致企业经营成本大幅增加，利润微薄，阻碍了行业高质量发展。

面对国家基础建设需要与人才稀缺的矛盾，监理行业协会应引导监理企业把握时代脉搏，加快信息化建设，提升信息化管理水平，通过技术手段替代部分人工劳动力，来提高监理服务的质量和营业利润。例如，通过施工现场巡查穿戴设备、无人机巡查、远程实时监控等手段实现监理旁站、巡视等职能，在减少施工作业面人员数量、优化资源利用的同时，也实现了管理决策有依据、执行记录真实可追溯、问题监督闭环反馈。通过BIM技术从时间、空间维度实现项目进度、质量、造价等要素管理一体化，降低项目设计、施工等阶段因返工增加的时间、人力成本，实现管理可视化、可量化。通过监理信息化平台和移动通信设备，实现总部和现场协同工作，使企业领导层及时准确了解项目现场实际工作状态，合理调配人力、物力资源，降低企业管理、交通、通信等成本。

协会应加强与科技相关行业协会的交流沟通，通过调研、考察、学习等多种途径，为企业提供信息化建设业务辅导和咨询服务。同时，对信息化建设水平先进的监理企业开展调研，形成可复制、可推广的经验，积极开展交流会，推动行业信息化建设。

（二）培育标杆企业，引领行业高质量发展

当前，监理行业缺少标杆企业引领行业发展的氛围。监理行业的低集中率，使得企业市场占有量分散，部分专业类别的密集使得企业间竞争压力加剧，不利于企业高质量发展。监理行业需要在发展中规范，在规范中创新。发展的关键是要培育一批智力密集型、技术复合型、管理集约型的标杆企业。通过引导企业树立品牌文化、加强企业软实力宣传，吸纳人才，提高市场占有率；鼓励综合实力强且具有规模性的监理企业向"全过程工程咨询"方向发展，支持各专业领域咨询服务水平高的企业，做精、做专、做优、做大，形成企业规模与项目规模相匹配、服务收费与专业程度相匹配的良性市场竞争环境；通过对参与"鲁班奖"和"詹天佑奖"工程项目的监理企业和监理工程师进行宣传，弘扬正气、树立标杆形象，强化企业的责任担当意识，以榜样力量引领行业诚信自律、科学规范发展。创新的关键是要运用科技手段、先进管理理念提升企业核心竞争力，以高标准严要求的态度履行监理职责，使企业在变化多端的市场中立于不败之地。

（三）建立多学科师资库，培养复合型人才

随着建筑产业的发展由粗放型转变为集约型，建造过程增加了科技含量，管理不断精细化，对人才知识结构的需求已从单一结构转为多学科交叉融合。协会应从工程技术、信息科学技术、经济、管理、法律、心理等多学科领域挖掘培养师资力量，建立多学科师资库，开展监理工程师职业素养教育，培养复合型人才。一是通过加强与国内建筑领域知名院校合作，建立监理人才培养计划。二是鼓励综合实力强、专业技术硬的监理企业通过与高校开展产学研合作，建立业务实践基地，为行业输送监理人才。三是组织企业推荐理论实践经验丰富、语言表达能力强的监理工程师作为储备师资力量。四是加强与建筑产业交叉的行业协会交流沟通，吸纳优质师资入库。

（四）增强法治意识，依法依规从业

监理作为建设五方责任主体之一，其主体责任是《中华人民共和国建筑法》及《建设工程质量管理条例》《建设安全生产管理条例》等规定的，监理工作不能脱离法律职责，也不能无限扩大监理职责。监理行业协会应引导监理企业重视监理人员学法、用法，组织监理人员学习监理规范、强制性标准、团体标准等行业规范标准。鼓励开展知识竞赛等活动，增强知识学习的趣味性、主动性。

（五）探索利用互联网、数字化、信息化等技术，解决监理保障机制问题

在科技快速发展的背景下，探索利用互联网、数字化、信息化等技术解决监理行业保障机制问题，为政府部门建言献策。一是，探索业主在银行设立监理服务费数字货币专用账户，建立互联网系统平台，运用区块链技术记录监理企业和人员信息、履职情况、工程进度等数据，为政府部门处置违法违规和认定责任提供数据支持，为监理服务费支付、监理履职提供保障。二是，建议政府部门建立监理服务质量考评系统，结合双随机机制实行差异化监管，增加质量考评分数低的企业被随机抽取检查的概率。三是，建议通过互联网系统平台进行大数据分析，修改《工程监理企业资质管理规定》（中华人民共和国建设部令第 158 号）中监理资质等级对应承接的专业工程类别和等级，为合理资源配置提供保障。

（六）充分发挥协会职能，提升服务水平

随着国家"放管服"改革纵深推进，行业协会作为行业整体的代表，发挥着政府与企业间的桥梁纽带和参谋助手的作用，应努力提升服务、协调、维权、自律等履职能力，真正成为依法自治的现代社会组织。

在服务职能方面，协会应为会员提供政策信息咨询、法律咨询、监理业务辅导、经验交流会等服务。例如，可每年编辑国家部委、地方政府及住建部门等关于建筑行业方面的重要政策及法规汇编，为会员和政府部门提供信息服务。通过与律师行业协会交流，推荐若干在建筑领域法务研究深入的律师事务所，作为协会法律咨询定点机构，为协会和会员提供法律咨询服务。

在协调职能方面，协会应通过开展自主调研、课题研究，撰写相关报告和建议，加强与住建主管部门的业务联系，取得政府部门的信任与支持，树立行业公信力。通过加强与各相关行业协会交流，建立行业协会间的沟通合作机制，形成行业间业务有机融合，相互促进发展的良好市场氛围。

在维权职能方面，推行行业标准化建设，对于按行业标准实施监理的企业和人员，在责任事故认定中维护其合法权益。在招投标过程中，对于业主恶意压低价格的，共同抵制参与低价竞标，维护企业经济利益。

在自律职能方面，加强诚信体系建设，倡导单位会员积极参加信用自评估工作，并适时将评估结果对社会公布，并与招投标挂钩，实现失信企业自动市场淘汰机制。

数据来源：《2015—2020 年建设工程监理统计资料汇编》

# 浅谈超高层建筑监理工作要点

## 金永根

广东恒信建设咨询有限公司

中国虽然地大物博，但是建设用地，特别是住宅建设用地越来越少。20世纪80年代建筑基本是多层，90年代建筑基本是高层，到21世纪建设用地越来越少，建筑都往空中和地下发展，建筑较多设计为超高层。超高层建筑与高层建筑从质量和安全方面考虑是有较大区别。设计方面一般会有以下两个方面需要考虑。

1. 超高层建筑自重比较重，同时考虑抗震和抗倾覆要求，一般会根据地质勘察报告设计灌注桩基础，桩进入中风化岩层较深；设计一般采用框架剪力墙核心筒结构，两层及以上地下室埋深，墙柱混凝土标号较高（C60~C50），钢筋用量也比较大。

2. 超高层建筑火灾防治也是一难题，目前中国的消防云梯最高能升至30层高。虽然有消防楼梯，但是楼层高逃生困难。设计除每层设置了避难间外，超高层建筑设计还在建筑每约50m高设置一避难层或者转换层。避难层主要是送风设备间和避难间，送风风管直达每户户内；避难层的生活供水系统和消防供水系统与其他楼层错开，是单独供水。消防自动喷淋系统进入每户每个房间。

作为工程建设五方责任主体之一的工程建设监理单位，根据《中华人民共和国安全生产法》《建设工程质量管理条例》《住房城乡建设部办公厅关于进一步加强危险性较大的分部分项工程安全管理的通知》（建办质〔2017〕39号）、工程质量终身制和安全生产责任制原则，超高层建筑监理工作质量方面要点。

1. 熟悉施工图纸、审查专项施工方案、编制监理实施细则：

监理单位在收到建设单位下发的施工图纸后，应及时组织项目监理人员熟悉施工图纸，对图纸存在的设计疑问汇总，参加建设单位组织的图纸会审和设计交底，将图纸疑问在施工前解决，以免产生设计变更。对施工单位专项施工方案要组织专业监理工程师审查，重点审查施工方案对专项施工有无针对性，有无违反规范和强制性条文规定，质量安全措施有无体现，如大体积混凝土如何控制温度养护、不同标号混凝土交接处处理、超高层混凝土供应及运输、后浇带及施工缝处处理、施工方案是否可指导现场施工等。项目监理总监要组织专业监理工程师根据已审批监理规划、图纸，已审批的施工组织设计、专项施工方案和相关规范编制监理细则，监理细则要有针对性，能指导专业监理工程师的监理工作。

2. 深基坑工程：

超高层建筑基础埋置较深，一般至少两层地下室，基坑深度超过5m；超高层建筑核心筒区电梯基坑一般缓冲段超过4m，加上基础底板厚度，基坑深度超过5m。深基坑工程基坑支护方案、施工方案、基坑监测方案都需组织专家论证。项目专业监理工程师应根据地质勘查报告、物探报告熟悉现场及周边地质情况、地下管线位置，并根据已审批的监理规划、方案、施工图纸做好监理细则，监理施工单位在基坑支护工程施工时严格按专家论证通过的图纸和方案实施，同时做好监理日记、监理旁站及旁站记录。监理每天应对基坑进行巡查，如有异常要及时汇报项目总监，项目总监将组织专题会议确定处理方案，监理施工单位处理，确保工地安全。

如东莞市南城区某地产项目西南角原地质情况是鱼塘，淤泥较深，基坑支护设计单位未考虑到位，设计采用水泥搅拌桩加锚杆，而锚杆在淤泥中没有抗拉、抗滑移力，在土方开挖时加上4月份雨季，基坑边坡出现滑坡，监理现场巡查发现异常后马上组织施工、建设、设计、勘察、监测方项目负责人勘察现场和开专题会议，最终确定先进行反压堆土后采用钢板桩加固处理方案，监测数据正常后才继续该区域工程施工。监理在基坑施工期间除监督施工单位按图施工外，还要加强基坑及基坑周边巡查工作。

3. 桩基础工程：

超高层建筑基础设计一般都是旋挖灌注桩或者冲孔灌注桩基础，桩基础直径较大，并且对桩进入中风化岩层和沉渣厚度控制要求高。现场监理要熟悉施工图纸、勘察报告、超前钻报告，同时要根据设计、勘察、施工、建设、监理五方现场试桩结果控制好桩入岩、终孔深度。

如东莞某广场项目134m至199.9m超高层建筑桩基础直径为1400~2400mm，设计图纸要求桩进入中风化岩层不少于1m。监理对桩基础验收从桩位GPS定位、钢护筒预埋定位、桩入岩、终孔、清孔、放钢筋笼、混凝土浇筑进行全程旁站。为了防范施工单位偷工减料而产生工程质量问题，监理要求建设方工程师、建设方聘请的第三方咨询一起参与每个工序验收，特别桩的入岩深度必须比设计要求深10~15cm，该项目桩基础检测全部合格。广东省佛山市某项目出现较多桩入中风化岩层深度达不到设计要求，经设计单位核算要求补桩加固。建设单位、施工单位、监理单位现场相关人员和施工、监理单位都被追究责任。

4. 建筑物定位、轴线、楼层标高、复核，主体沉降观测：

建筑物施工前要根据规划图和施工图、当地规划测绘部门给的坐标点引入施工现场定位，监理单位要对坐标点引入建筑物点位进行复核，如有偏差是否满足规范要求。超高层建筑外墙垂直度偏差大将影响外墙窗、幕墙安装；特别是电梯井核心筒部位垂直度偏差会影响电梯安装。监理单位要对施工单位建筑物的坐标、轴线、标高每一层进行复核，如不符合规范要求及时通知施工单位调整。监理要审查沉降观测单位资质、人员证件、监测方案、监理监测单位是

否按方案监测，如有异常及时反馈建设单位。

5. 钢筋、混凝土原材料的质量监理：

超高层建筑钢筋、混凝土用量较大，原材料成本占比高，特别是2021年上半年钢材上涨达到6000元/t，有的施工单位在原材料上打主意，现场监理要对原材料钢筋出厂合格证、厂家检验合格报告、钢筋出厂编号、炉批号严格核对；现场检查感观质量，现场见证取样送检到有资质检测单位检测合格后才准许用于工程中。2021年4月广东省东莞市市场出现建材供应商利用钢材价格上涨、市场供货紧张而销售地条钢钢筋、回炉钢钢筋，东莞市住房和城乡建设局马上组织全市质量大检查，发现销售地条钢钢筋、回炉钢钢筋马上取缔。现场钢筋使用部位在隐蔽验收时监理工程师要严格按图纸核对，建设工程结构设计主要部位（梁、柱）钢筋都有抗震要求，监理需注意抗震钢筋使用位置。超高层建筑墙柱混凝土标号较高，一般为C60~C30，监理单位要对施工单位选用的混凝土公司进行考察，考察混凝土公司的资质、混凝土供应的实力、有无供应超高层混凝土的设备、原材料来源、混凝土供应业绩、经济状况。在工程施工中对进场混凝土料单、配合比随车资料进行检查、对混凝土坍落度进行检测，加强现场旁站并监督施工单位按规范留置混凝土试块，待混凝土浇筑完成后，时间达到28天，应组织施工单位对超高层建筑墙柱的混凝土强度进行回弹检测，确保工程质量可控。

如东莞市塘厦镇某项目别墅区设计墙柱及楼板混凝土强度为C30，因对混凝土供应商考察不到位，施工过程监督不严，抽芯检测墙柱混凝土最高强度C19，

低的强度仅C11，经设计复核要加固处理，建设单位将追究相关单位责任。

6. 预埋件原材料及位置监理：

超高层建筑外墙装饰设计一般为幕墙工程，幕墙工程由专业设计单位深化设计再报主体设计单位和审图单位审核，幕墙工程施工高度50m及以上的施工图纸和专项施工方案需组织专家论证。对预埋件材料和预埋位置要求高，预埋件材料不符或位置不准确而要后置埋件会对工程质量造成风险。监理单位要按已审核通过的图纸对施工单位进场的预埋件进行验收，预埋件预埋后要求施工单位报验，同时在混凝土浇筑时要求施工单位派人现场旁站及位置复核。

超高层建筑监理工作安全方面要点：

1. 临边、洞口及周边防护监理

超高层建筑临边、洞口比较多，如阳台临边、楼层临边、屋面临边、楼电井、水管井、风管井、电梯井等。监理是五方责任主体之一，《建筑法》《安全生产法》《危险性较大的分部分项工程安全管理规定》都强调监理对施工现场安全负有监理责任。安全第一，预防为主。监理每天要对施工现场临边、洞口等周边的防护进行巡查，对施工单位未按规范、施工方案要求设置防护的及时发安全隐患整改单给施工单位，定责任人、定整改完成时间完成整改，监理要复查整改完成情况。

2. 高支模体系监理

超高层建筑首层层高一般都会超过5m，有的写字楼首层大堂层高高于8m，避难层层高要比其他楼层高，出屋面楼梯间、屋面装饰结构一般层高大于5m甚至大于8m。超高层建筑混凝土结构体型较大，根据危大工程清单要求，这些高支模体系要有专项施工方案，高度不小于8m

和施工总荷载 15kN/m² 及以上、集中线荷载 20kN/m 及以上的大梁施工方案需组织专家论证。监理应对施工方案按规范要求审查，在施工过程中监理要对危大工程高支模体系进行验收，对超过一定规模的危大工程高大支模体系施工时监理单位总监必须亲自验收，并且要安排监理专人旁站和做好旁站记录。

### 3. 现场防火监理

超高层建筑施工过程中动火作业比高层、多层建筑多，现场工人吸烟比较难控制，火灾发生时楼层高，扑救困难。超高层建筑发生火灾一般消防车无法救援，施工现场主要是施工用电不规范、电焊及现场工人吸烟引起火灾。监理单位要对施工单位申报的施工现场临时用电、消防用水、防火专项施工方案进行审查，审查方案是否有违反规范、强制性条文要求，审查现场防火器材布置、场地布置、消防管网、消防车道布置是

否符合规范要求。监理单位每周要组织安全周检，月底要组织安全月检，节假日专项安全检查、日常巡查。在防火方面主要检查施工用电是否规范、动火作业是否有动火审批、是否有专人看火、动火人员是否持证上岗，现场灭火器配置是否满足要求及是否在有效期内，生活区、办公区、施工现场消防用水管道是否符合要求和供水是否到位。超高层建筑消防用水压力不足是否配置了加压泵。监理单位应监督施工单位按方案定期组织消防演练，及消防防火宣传，让项目上每人都会使用灭火器，遇到火灾知道应急处理。

### 4. 施工机械、设备监理

超高层建筑施工使用的设备主要有塔吊、施工电梯、爬架、外墙装修需用的吊篮。施工电梯、塔吊安装高度达到 200m 及以上其安装和拆卸方案需组织专家论证。爬架安装高度达到 150m 及

以上其安装和拆卸方案需组织专家论证。监理单位要对设备的安装、拆卸方案进行审查是否符合规范要求，是否有应急措施，对进场设备的铭牌、使用年限进行审查，安装、拆卸前按照安拆装告知要求审查安拆人员证件是否有效，核对人员证件是否相符。监督施工单位安全技术交底，做好施工电梯和塔吊安装、顶升、加节、拆卸、监理旁站，做好旁站记录。爬架安装、拆卸前审查安拆人员证件是否有效和人证是否相符，监督施工单位对安拆人员的安全技术交底。对爬架爬升前、爬升后检查和验收，爬架爬升过程中要监理旁站，并做好旁站记录。

百年大计，质量第一。超高层建筑拆除较困难，工程造价高，住房和城乡建设部多次发文要求限制超高层建筑高度。加强超高层建筑工程质量、安全监理工作，防患于未然。

# 钢箱梁顶推跨越阜石路施工监理控制要点

**曹立营**

北京赛瑞斯国际工程咨询有限公司

**摘　要：** 以北京磁浮S1线工程金安桥站至苹果园站区间21~27轴钢箱梁顶推跨越阜石路施工为例，介绍了该工程施工技术及重难点，并阐述了施工各阶段监理控制要点和方法措施，为后续类似工程施工监理工作提供借鉴。

**关键词：** S1线；钢梁顶推；步履式千斤顶；双向纠偏；监测、监理控制要点

## 引言

随着城市轨道交通工程科技日益进步，北京磁浮 S1 线钢箱梁顶推跨越阜石路施工采用了智能步履式多点连续顶推技术，安全性和施工效率大为提升。通过对该工程的施工技术掌控，为今后类似工程施工监理工作积累了宝贵经验，提高了现场安全质量管控能力。

## 一、工程概况

### （一）工程简介

北京市中低速磁浮 S1 线工程西起门头沟区石门营站，东至苹果园枢纽，并与既有地铁 6 号线、M1 线形成换乘，全长 10.2km。S1 线金安桥—苹果园区间位于北京市石景山区，其中 21~27 号钢梁在 DK9+211 ~ DK9+544 跨越阜石路主、辅路及喜隆多广场，设计结构型式分别为 33+84m 钢箱拱梁（21~23 号，跨喜隆多前广场）、66m 钢箱拱梁（23~24 号，上跨阜石路辅路）、33+84+33m 钢箱拱梁（24~27 号，上跨阜石路主路），区段全长 333m。采用异地拼装和步履式顶推的方法分三段进行施工（图 1）。

### （二）结构型式

1. 下部结构

钢梁下部结构（21~27 号墩）采用布置横向预应力的混凝土"T 型墩"，墩顶尺寸均为 16.2m×5.0m，墩高分别为 13.0m、17.0m、18.5m、20.5m、21.0m、19.0m、18.5m；桥墩顶帽、垫石采用 C50 钢筋混凝土，墩身采用 C40 钢筋混凝土。墩顶至梁底高度约为 100cm。基础采用直径为 1.25m 的 C35 钻孔桩。为保证钢梁顶推施工，需设置 6 组临时墩下部结构（图 2）。

2. 上部结构

21 ~ 22 号墩，25 ~ 26 号墩为 84m 简支钢箱拱梁（桥重 1100t）钢梁结构体系可分为钢箱拱、吊杆、主纵梁、横梁、小纵梁、平纵联、两端支座及现浇混凝土桥面板。钢箱拱全高 13.4m，纵梁高度 3.30m，纵梁宽度 1.45m。23 ~ 24 号墩为 66m 简支钢箱拱梁（桥重 830t）钢梁结构体系可分为钢箱拱、吊杆、主纵梁、横梁、小纵梁、平纵联、两端支座及现浇

图1　桥梁与周围相关设施相对关系图

图2　下部结构图

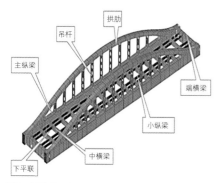

图3 钢箱梁示意图

混凝土桥面板。钢箱拱全高11.4m，纵梁高度3.30m，纵梁宽度1.45m。22～23号墩，24～25号墩为33m简支钢格构梁（桥重380t）钢梁结构包括主纵梁、横梁、小纵梁、平纵联、支座及现浇混凝土桥面板。钢格构梁全高3.36m，纵梁高度3.36m，纵梁宽度1.45m（图3）。

## 二、本工程特点及重难点

### （一）步履式顶推施工技术特点

#### 1. 施工总体方案

S1线21~27号墩钢箱梁顶推跨越阜石路施工工法采用异地加工拼装和现场步履式顶推的方法施工，即钢箱梁钢构件在加工厂进行构件加工，汽车运输至拼装现场进行拼装，在喜隆多停车场西侧（15~20号桥墩位置，长度约170m）处搭设拼装平台进行钢梁拼装。依次将跨越阜石路主路33m、84m、33m钢结构简支梁，跨越阜石路辅路66m钢结构简支梁，跨越喜隆多广场84m、33m钢结构简支梁，由西向东依次顶推就位。

本桥顶推孔跨为84m+33m+66m+33m+84m+33m，顶推过程分三次进行，第一组为84m+33m；第二组为66m+33m；第三组为84m+33m。

步履式顶推器自带竖向起顶、水平顶推及侧向纠偏三项功能，对下方支承墩不

产生水平反力。自平衡顶推器起顶钢梁后在水平顶的作用下往前移动一个行程的距离，然后将钢梁下落至顶推器两边的支点上，顶推器泄力后将水平顶回复至顶推初的位置，顶推器下落时，钢梁将支承于顶推器两侧的支点上，以此循环反复直至将钢梁全部顶推至设计位置。拼装平台和临时墩上共布置36台400t步履式顶推器，顶推过程中钢梁最大悬臂长度为63m。

#### 2. 步履式千斤顶系统

步履式顶推系统主要由机械系统、液压系统及电控系统三部分组成。

#### 3. 主要施工步骤

1）步履顶试运行。

2）由主控手进行压力找平，步履顶顶升密贴纵梁梁底。

3）以步履顶顶力显示3MPa为基准，确定顶升基准面。

4）主控台控制同步顶升前进；施工过程中步履顶观察员进行信息反馈。

5）一个行程后，步履顶回落复位，再循环。

### （二）工程重难点

1. 顶推施工跨越阜石路主、辅路和喜隆多前广场，周边环境复杂，施工场地受限。

2. 顶推段钢梁体积大，顶程远（394m），顶推重量大（1600t），且钢梁处于平曲线和竖曲线上，因此控制钢梁在顶推过程中的轨迹线和高度是顺利完成施工的重点。

3. 顶推施工跨越阜石路主、辅路和喜隆多前广场交通不中断，最大悬臂达到63m，安全压力大，确保顶推过程中的交通安全是施工中的重中之重。

4. 桥梁位置较高，地面与设计梁底的最高距离约为26m，桥梁顶推时确保高空作业安全也是施工控制重点。

## 三、监理工作要点

### （一）事前监理控制要点

#### 1. 顶推施工专业分包资质、专项方案及技术交底审查

因钢梁顶推跨越阜石路高架桥施工属于超危大工程，S1线项目监理部对武汉卡特顶推施工专业分包单位资质进行了严格审查，依据《危险性较大的分部分项工程安全管理规定》（住建部〔2018〕37号），《住房城乡建设部办公厅关于实施〈危险性较大的分部分项工程安全管理规定〉有关问题的通知》（建办质〔2018〕31号）及《北京市危险性较大的分部分项工程安全管理实施细则》（京建法〔2019〕11号）的规定，监理部要求施工单位及时编制钢梁顶推专项施工方案，严格履行"编、报、审"程序，及时组织专家论证工作，并根据专家意见和参建各方要求进行多次完善、补充。监理部还督促施工单位及时向现场管理人员进行书面方案交底并编制具有针对性的安全技术交底，确保现场管理人员和作业人员熟知各种风险和控制要点。

#### 2. 钢梁顶推专项监理细则编制

针对钢梁顶推施工的重难点，监理部结合钢梁顶推专项施工方案组织现场各专业监理工程师及时收集设计、施工、地质和周边环境资料，积极参与编制专项监理实施细则，并做好培训和宣贯工作，真正做到监理单位先懂后管的基本要求。

#### 3. 顶推设备及吊装机械验收

钢梁顶推跨越阜石路高架桥施工采用步履式智能千斤顶系统，为保证顶推施工顺利进行，现场共需36套步履式千斤顶设备。在钢梁拼装和顶推施工过程中需采用2台60t龙门吊和多台不同吨位的汽车式起重机进行配合施工。监理部针对现

场起重吊装作业特点，分别对千斤顶和龙门吊、汽车式起重机从进场验收环节进行超前把控，及时组织施工单位和产权单位进行联合验收，要求现场千斤顶主控手和起重机械司机、信号工必须配备到位并持证上岗，及时督促施工单位做好各种大型机械的日常维修保养工作。

4.顶推跨越阜石路交通安全措施审查

针对钢梁顶推跨越阜石路高架桥施工过程中不断路、交通正常运行的特点，为保证阜石路交通安全，监理部严格要求施工单位按方案规定在上跨道路顶推前，对钢梁底部采用钢底模进行全封闭，进行全面清扫并设专人进行地毯式检查，除钢梁结构外，所有机械、材料均清理干净，保证顶推过程中无任何物体掉落隐患；顶推时间选择在车流量较小的晚上20点至次日早上6点。顶推施工期间及时设置道路交通缓行和安全行驶警示灯。

5.顶推施工前条件核查要点

根据《北京市城市轨道交通建设工程关键节点施工前条件核查管理办法》（住建委〔2018〕1号）的工作要求，钢梁顶推跨越阜石路施工属于A类核查项目，监理部从"人、机、料、法、环"五个方面依据主控条件核查标准，严格把控安全质量风险，实现精准事前预控。

（二）事中监理控制要点

1.钢梁构件异地加工质量控制要点

因施工场地受限，钢箱梁构件需在异地加工厂进行构件加工制作，为进一步保证加工质量，避免运至现场出现返工现象。监理部特选派专业水平高、施工管理经验丰富的监理工程师进行驻厂监造。从钢材进场报验、焊接材料检验、焊接工艺评定、焊缝质量无损检测、涂层质量控制和成品保护措施、出厂前预拼装验收等环节进行层层把控，确保运

至现场拼装的钢构件为合格产品。

2.钢梁现场拼装焊接质量控制要点

钢梁构件运至施工现场之后，监理部第一时间安排现场监理工程师执行进场验收程序，对钢构件的外观质量和几何尺寸进行复测，对现场使用的高强螺栓及时要求施工单位进行见证取样送检工作，在钢梁拼装焊接和高强螺栓安装、施拧阶段严格依据设计文件、施工方案及质量验收规范进行过程质量控制。同时要求施工单位分阶段、分批次对现场一级和二级焊缝质量进行超声波和磁粉探伤无损检测工作。

3.钢梁顶推施工过程质量控制要点

在钢梁顶推施工过程中，监理部依据监理规划和旁站监理方案，要求现场监理工程师严格执行旁站监理制度，旁站过程中重点对施工单位技术员、质检员、安全员到岗情况，专项方案执行情况和作业人员安全技术交底，安全质量保证措施和应急救援措施进行检查，同时针对步履式千斤顶"顶、推、落、缩"四个关键环节进行专项质量把控，对顶推过程中水平曲线和竖向曲线实时纠偏措施要求施工单位严格执行理论模拟推演和三级预警响应机制。

4.最大悬臂长度梁端下挠控制要点

钢梁顶推跨越阜石路高架桥施工时最大悬臂长度达63m，此时前导梁端部下挠变形最大，悬臂根部结构应力变化最大，为保证施工安全，需在84m简支钢箱梁上设置临时索塔，通过张拉拉索改善顶进过程中结构受力，减小导梁梁端下挠。在安装拉索和施加索力时，监理部严格要求施工单位从靠近索塔到远离方向依次张拉，索塔两侧同时对称张拉，加强应力和变形监测，出现异常时及时预警。

5.水平、竖曲线三维立体纠偏控制要点

钢梁顶推跨越阜石路高架桥施工，即涉及直线、缓和曲线和圆曲线（R=1500m、R=1000m）三种水平曲线轨迹顶进施工，又需进行37‰的上坡及41‰的下坡两种纵向坡度调整，线形变化复杂。为便于顶推的实施，监理部要求施工单位多次组织专家咨询会，反复优化施工方案，进行理论模拟推演，通过步履顶推系统上的数据采集系统，及时进行施工阶段的数据采集；同时，利用资料分析仿真模拟系统，将采集到的资料进行分析处理，以确定下一个施工阶段参数。通过有效的监测监控工作，最终消除设计与实际施工过程差异的影响，保证设计的施工过程和受力状态得以准确实现。

6.钢箱梁落梁与支座安装控制要点

钢梁顶推就位之后，落梁施工安全风险增大，调节落梁高度成为关键环节。监理部严格要求施工单位按方案规定，在落梁前钢梁顶推过程中根据纵向坡度变化及时渐进抬高钢梁后端的同时，同步降低钢梁前段的悬空高度，尽量将落梁高度平稳降至设计要求以减轻施工风险。落梁就位之前需及时安装铰轴钢支座，监理部要求现场监理工程师提前熟悉图纸要求，熟练掌握钢支座的规格、型号与位置关系，在支座安装施工过程中做好旁站工作，及时记录相关内容，为后续质量验收工作提供依据。

7.钢梁顶推施工安全监测控制要点

在钢梁顶推施工过程中安全监测工作十分重要。由于施工过程中存在多次体系转换，顶推阶段梁体的应力变化幅度大，故顶推过程必须对钢主梁、吊杆、拱肋、导梁、临时索塔、拉索、临时墩进行应力及变形监控，对顶推速度和千斤顶的顶力大小进行实时监测。监理部特选派经验丰富的测量监控工程师严格要求施工单

位在顶推前制定监测方案，明确监测点的布置、监测频率和预警值。在顶推施工过程及时将施工单位监测数据和第三方监测数据进行比对分析。同时，对支点反力的横向分配进行监控，并以监控数据控制顶推进程，出现异常情况及时预警，必要时停止顶推，待查明原因并解决后方可继续顶推。顶推监测成果详见表1、表2。

（三）事后监理工作要点

1.拼装平台和临时墩拆除监理工作要点

钢梁顶推施工结束后需及时拆除拼装平台和临时墩结构，为后续现浇箱梁施工留出作业面。在拼装平台和临时墩拆除过程中主要涉及龙门吊和汽车式起重机进行辅助吊装拆除作业，监理部安排责任心强的安全监理工程师进行全程盯控，严格检查施工单位专职安全员、技术员、质检员到岗履职情况，起重司机和信号工持证上岗情况，要求施工单位及时设置警戒区域。既做到了安全施工，又保证了拆除施工不对钢梁和永久墩结构产生碰撞扰动。

2.施工质量验收资料审查要点

钢梁顶推跨越阜石路高架桥在安全风险受控、质量控制工作到位，顺利完成施工之后，监理部要求施工单位及时收集、整理相关施工资料，确保工程实体和质量

验收资料同步实施。监理部及时组织各专业监理工程师对物资、设备及构件进场验收资料，高强螺栓连接附件实验报告，现场焊缝检测报告，构件加工过程和现场钢梁拼装、焊接、顶推过程施工质量验收资料进行全过程审查，重点核查质量验收资料的完整性、准确性、符合性及规范化，为今后单位工程验收和资料归档工作打下坚实基础。

## 四、效果评价及经验教训

（一）由于步履式顶推施工技术在S1线工程是第一次使用，无更多可借鉴经验、无成熟的管理团队、无经验丰富的操作人员，因此实施过程中难免会出现一些局部问题，应在今后加以改进。

（二）在特定环境、特殊条件下采用步履式顶推施工技术还是具有独特优势的，特别是在跨越公路、铁路及不便采用支架现浇的地方，因此其具有广阔的应用空间。

## 结语

北京S1线跨越阜石路高架桥采用步履式钢梁顶推法施工，主要适用于跨越城市主干道和不允许占道施工的工程；施工效率高，技术先进成熟，安全质量控制风险小，为类似轨道交通工程桥梁施工积累了实践经验。

**2020.09.25当日测试情况汇报表**　　表1

| 测点类型 | 当日变化最大值 | 累计最大值 | 第三级预警值 | 备注 |
| --- | --- | --- | --- | --- |
| 主梁应力 | YB26：−79.28MPa | YB40：95.59MPa | ±231MPa | YB26：右前侧索根部；YB40：右侧33米简支梁与84m钢箱拱梁连接处下方 |
| 临时墩柱沉降 | ZL13：0.42mm | YL12：−15.38mm | −7.2mm | YL12：右侧12号墩 ZL13：左侧13号墩 |
| 临时墩柱位移 | ZLD14：−1.1mm | ZLD14：10.2mm | ±41.2mm | ZLD14：左侧14号墩 |
| 导梁挠度 | DLQN−01：−0.1mm | DLQN−01：−33.5mm | −320mm | DLQN−01：前导梁右侧 |

备注：1.应力："+"代表拉应力，"−"代表压应力；2.沉降："+"代表隆起，"−"代表下沉；3.位移："+"代表大里程方向，"−"代表小里程方向；4.挠度："+"代表上升，"−"代表下挠。
现场情况：1.本日进行斜拉索施工（共3批，正在张拉第3批次）。2.各项监测数据变化正常，风险可控。3.下午监理单位组织召开桥梁上跨阜石路高架前条件验收会，计划9月27日开始顶推。

**北京中低速磁浮交通S1线工程03标段金苹区间监测数据周对比分析**　　表2

| 监测仪器： | Trimble DiNi03电子水准仪 | | 累计值对比差 | | 日期：2020−09−27天气：晴天 | | | |
| --- | --- | --- | --- | --- | --- | --- | --- | --- |
| 监测点号 | 第三方监测数据 | 施工监测数据 | 对比差值 | 预警值 | 控制值 | 是否可控 | 备注 |
| | 累积变化量 | 累积变化量 | | | | | |
| YB52 | −7.038kN | −7.139kN | 0.101kN | 153，−158MPa | 231MPa | 可控 | 应力 |
| YB30 | 6.065kN | 6.278kN | 0.212kN | 153，−158MPa | 231MPa | 可控 | 应力 |
| YB32 | 4.692kN | 4.893kN | 0.200kN | 153，−158MPa | 231MPa | 可控 | 应力 |
| YL03 | −1.060mm | −1.310mm | 0.250mm | 6mm | 7.2mm | 可控 | 沉降 |
| J23 | −0.270mm | −0.030mm | 0.24mm | 6mm | 7.2mm | 可控 | 沉降 |
| J25 | 0.5mm | 0.180mm | 0.33mm | 6mm | 7.2mm | 可控 | 沉降 |
| YJD22 | 0.901mm | 0.760mm | 0.141mm | 239mm | 287mm | 可控 | 位移 |
| YJD23 | −0.381mm | −0.640mm | 0.259mm | 239mm | 287mm | 可控 | 位移 |
| YJD24 | 0.392mm | 0.250mm | 0.142mm | 239mm | 287mm | 可控 | 位移 |

1.本周监测数据对比分析是抽取随机变化的点位。2.金苹区间测点保护完善，现场巡视正常。3.结合施工单位周报归曲线图以及上面的监测数据综合对比分析，累积误差在允许范围之内，监测区域内整体变化量趋势可控。

| 施工单位 | 中铁六局 | 监理单位 | 北京赛睿新国际工程咨询有限公司 |
| --- | --- | --- | --- |

参考文献

[1] 刘龄嘉.桥梁工程[M].北京：人民交通出版社，2006.

[2] 罗娜.桥梁工程概论[M].北京：人民交通出版社，2006.

[3] 姚玲森.桥梁工程[M].北京：人民交通出版社，2002.

[4] 钢箱梁顶推施工技术规程：DB37/T 1389—2009[S].北京：人民交通出版社，2009.

# 文体场馆金属屋面工程质量控制

曹立平

江苏正建工程管理咨询有限公司

**摘　要：** 近些年来，为了加强精神文明建设，提高全体国民的文化水平、身体素质和日常生活质量，江苏省各市、县新建了不少文体设施以满足人民日益增长的文化与体育需求，这些公益性的公共设施屋面工程大部分采用了系统性的金属屋面。笔者以如东县全民健身中心金属屋面系统工程投标文件中编制的质量控制要点，阐述一些体会，以供同行参考。

**关键词：** 文体场馆；金属屋面；质量控制点

## 一、工程概况

如东县全民健身中心项目位于县城新区东北片区，用地面积 16337.8m²，建筑高度 17m。主体结构形式是钢结构 + 钢筋混凝土框架结构。墙身侧立面采用明缝不打胶铝单板外幕墙系统，屋面采用铝镁锰直立锁边金属屋面系统。曲面异形建筑，造型美观、新颖。

## 二、金属屋面系统组成

金属屋面系统由轻钢结构和檩托檩条支撑系统、压型钢板吸声系统、防尘系统、防水系统、保温系统、铝镁锰板直立锁边系统、防排烟系统、导水天沟排水系统（含天沟伸缩缝）、防坠落系统、防雷系统等组成。

## 三、屋面主要节点施工做法

（一）铝单板装饰屋面系统构造层由中心区域部分轻钢结构采光顶与四周铝单板金属饰面结构组成，屋顶防水为一级，金属屋面构造层从迎水面到底板依次为：

1. 屋面装饰板：3mm 厚铝单板，表面氟碳喷涂处理，三涂两烤，涂层平均厚度不小于 40μm。

2. 屋面装饰板龙骨：50mm×50mm×4mm 热镀锌方管、120mm×60mm×4mm 热镀锌方管、120mm×120mm×10mm 热镀锌方管表面热镀锌处理，镀锌量不小于 275g/m²。

3. 屋面板：0.9mm 或 1.0mm 厚 S-65/400 氟碳喷涂铝镁锰合金屋面板。

4. 铝支座：采用高强度铝合金支座"T"型件固定，H115 型铝合金固定座带隔热垫。

5. 防水透气层：0.49mm 厚防粘聚乙烯和聚丙烯防水透气膜。

6. 吸声层：50mm 厚玻璃吸声棉，容重 16kg/m³ 下铺无纺布。

7. 防水层：1.5mm 厚 PVC 防水卷材。

8. 保温层：100mm 厚保温岩棉，容重 160kg/m³ 单面贴铝箔。

9. 隔气层：0.25 厚 PE 隔气膜（无尘布）。

10. 底板：1.0mm 厚镀锌穿孔压型钢板（具有吸声功能），板型 YX35-125-750，孔径 2.5mm，穿孔率 20%。材质 Q235B，表面镀锌处理，双面镀锌量不小于 275g/m²。

（二）金属屋面支撑轻钢结构体系

1. 屋面次檩条：80mm×80mm×

4mm 热镀锌方管，材质为 Q235B 表面热镀锌处理，镀锌量不小于 275g/m²。

2. 屋面主檩条：400mm×200mm×10mm 热镀锌方管，材质为 Q235B 表面热镀锌处理，镀锌量不小于 275g/m²。

3. 屋面檩托：300mm×200mm×6mm 热镀锌方管，材质为 Q235B 表面热镀锌处理，镀锌量不小于 275g/m²。

本工程屋面檩条均要求涂底漆两度，刷防火涂料（1.5h 以上），涂层厚度平均值不小于 40μm；檩条与结构、檩条与檩条焊缝等级为三级。

（三）屋面固定天窗与侧面排烟窗体系

1. 玻璃：8mmLow-E+12A+8mm+1.52PVB+8mm 中空钢化夹胶玻璃。

2. 玻璃竖向主龙骨：80mm×80mm×5mm 热镀锌方管，材质为 Q235B 表面热镀锌处理，镀锌量不小于 275g/m²。

3. 玻璃横向次龙骨：80mm×80mm×5mm 热镀锌方管，材质为 Q235B 表面热镀锌处理，镀锌量不小于 275g/m² 型材表面氟碳喷涂处理。

混凝土屋面及中庭区域主龙骨焊缝

等级二级，需要进行无损探伤检测，确保达到设计要求（图1~图3）。

（四）导水天沟体系（含天沟伸缩缝）

1. 天沟采用 3.0mm 厚的不锈钢天沟，材质为 SU316。

2. 天沟骨架采用：50mm×50mm×4mm、60mm×60mm×4mm 热镀锌方管，材质为 Q235B 表面热镀锌处理，镀锌量不小于 275g/m²。

3. 50mm 厚 160kg/m³ 玻璃丝棉

保温。

4. 冷水底板为 1.0mm 厚镀锌穿孔压型钢板，板型 YX25-210-840，孔径 2.5mm，穿孔率 20%。材质 Q235B，表面镀锌处理，双面镀锌量不小于 275g/m²（图4、图5）。

（五）防坠落体系构造从上到下依次为：

1. 防坠落挂绳：8 号不锈钢丝绳（防坠落钢索末端固定器＋防坠落锚点）。

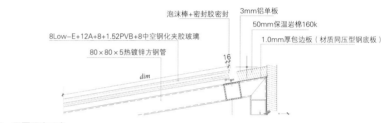

图1　屋面固定天窗

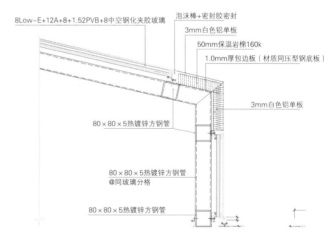

图2　侧面排烟窗

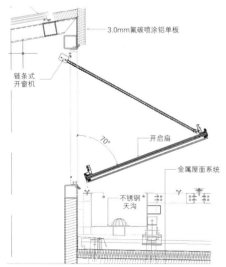

图3　开启窗

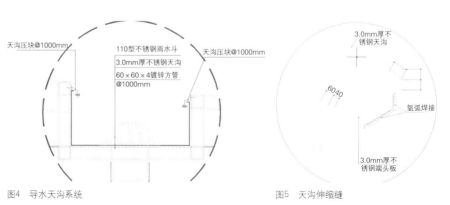

图4　导水天沟系统　　图5　天沟伸缩缝

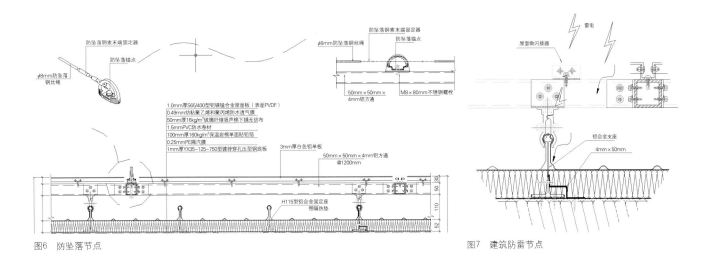

图6　防坠落节点　　　　　　　　　　　　　　　　　　　　　　　　　　　　　图7　建筑防雷节点

2. M8×90mm 不锈钢螺栓（图6）。

（六）防雷体系：金属屋面做闪接器，迎水面铝单板与下层各构造层金属之间的冷、热桥部位（铝合金支座"T"型件采用塑性 H115 型隔热垫）采用引下线纵横间距不大于 10m×10m 跨接，防雷件采用 50mm×4mm 镀锌钢带，电流传递方式：屋面板→固定座→镀锌钢折件→屋面檩条→钢结构→大地（图7）。

## 四、重要节点质量控制的监理方法与措施

（一）檩条、檩托系统质量控制

1. 专业测量监理工程师要对现场钢构张弦梁的完成面进行标高与轴线测量，编制测控数据信息表，将现场前段已完工序的实测高程、轴线的真实数据汇报业主并反馈给专业深化设计师，进行修正或补充设计、完善施工图。

2. 原材料需进行见证取样复试物理性能，应满足设计要求。

3. 加强檩与钢构张弦梁焊接质量的控制，材质大于8mm厚的一、二级焊缝需要建设单位委托第三方检测机构进行无损探伤或者射线探测，厚度小于8mm 钢材的对接焊缝，不宜采用超声探伤确定焊缝等级；本工程全熔透焊质量等级为二级，角焊缝的质量等级三级。

4. 设计有防腐、防火要求的，需进行涂层厚度的专项检测，焊缝防腐层厚度应涂刷环氧富锌底漆二度，监理需对施工过程进行相应涂层厚度的平行检查。

5. 檩材长度偏差为 ±3mm，焊条为 E43 型，应符合国家标准《非合金钢及细晶粒钢焊条》GB/T 5117—2012 的规定，选用的焊条型号应与主体金属相匹配。监理要了解埋弧焊用焊剂、焊丝应符合国家标准《埋弧焊用非合金钢及细晶粒钢实心焊丝、药芯焊丝和焊丝—焊剂组合分类要求》GB/T 5293—2018 的规定。要检查钢构件的坡口形式及尺寸需符合《气焊、焊条电弧焊、气体保护焊和高能束焊的推荐坡口》GB/T 985.1—2008 的规定。

（二）吸声、防尘、防水、防火保温系统质量控制

监理要对进场的材料组织见证取样复试，复试合格方可进行安装施工，对原材料最重要的要求是防火性能，不得低于 B1 难燃等级。吸声底板为 1.0mm 厚、镀锌穿孔压型钢板，板型 YX35-125-750，孔径 2.5mm，穿孔率 20%。材质 Q235B，表面镀锌处理，双面镀锌量不小于 275g/m²。A 级不燃性能材质，该材料质量控制点主要为板厚、孔径及镀锌量、板的物理性能。吸声层：50mm 厚玻璃吸声棉，容重 16kg/m³，下铺无纺布，该材料的重要控制点为材料容重与防火等级不得低于 B1 级，目前市场上的无纺布多为化纤材质，属 B2 级可燃材料，较难达到防火要求，需要在设计交底、图纸会审时加以技术确认或做防火涂层处理。底板上部防尘措施：0.25 厚 PE 隔气膜（无尘布）又称为隔气层，该层控制点为材料必须达到 B1 级，而目前该型材料在国内市场多为化纤系列，很难达到设计的防火等级，因此在设计交底与图纸会审中需与建设、设计方做技术确认或做防火涂层处理。防水材料：1.5mm 厚 PVC 防水卷材；防水透气层：0.49mm 厚防粘聚乙烯和聚丙烯防水透气膜。该防水层的做法首先是材料见证取样复试合格后才可组织施工，主要控制点为卷材厚度及铺贴质量，铺贴质量可以参照屋面防水验收规程加以控制。100mm 厚保温岩棉，容重 160kg/m³，单面贴铝箔，该

层主要质量控制点为岩棉厚度与不燃性能复试，铺贴时要控制好曲面的厚度，不得耸鼓，缝隙大小要一致，要错开排列。以上各系统集成后需要满足相关的吸声、防尘、防水、防火保温等综合性能。在监理过程中还需要施工方制作某集成样板进行热工性能检测，主要检测该围护结构的传热系数；同时，岩棉板、玻璃棉毡的燃烧等级是质量控制的重点。

（三）铝支座、铝镁锰板直立锁边，屋面板装饰龙骨、屋面板集成系统

1. 铝支座：采用高强度铝合金支座"T"型件固定，H115 型铝合金固定座带隔热垫。该节点为冷、热桥接部位，隔热垫的作用是断桥隔热，施工时严禁漏放，"T"型件与上部第一层屋面板（铝镁锰板，即底部第一层压型底板）进行直立锁边咬合固定，该层屋面在整体锁边咬合后需加强成品施工质量控制，防止漏水。

2. 屋面板：0.90mm～1.0mm 厚 S-65/400 氟碳喷涂铝镁锰合金屋面板，该处为最重要的防水结构层，施工时的质量控制主要是要确保防漏和锁边可靠、牢固，首先需进行多点人工暂时锁边，然后采用锁边机械进行机械化操作，确保咬合质量，锁边后表面不得损坏、渗漏。层面装饰板为上部第二层屋面板（该层为铝单板材质，系迎水面装饰层），质量控制点是以镀锌方管材料为龙骨的格式化分隔，需采用 BIM 信息技术进行平面、空间立体的模型组织深化设计，厂家按模数料单进行生产，并对板材加以二维码身份标注，建立台账。同时，监理需加强屋面装饰板、屋面装饰板龙骨、屋面板材料的厚度平行检查、材料物理性能与镀锌量的见证复试等工作，满足设计要求

后方可组织施工；同时，针对外幕墙整体观感效果，每块模数间距与侧面的尺寸分隔间距等距，距值为 1200mm。

如东县全民健身中心为南通地区首例金属屋面采用板面明缝设计，考虑到缝胶的使用年限及老化后污染板面增加维护成本，故第一层采用铝镁锰板直立锁边的工序防水质量极为重要（图8）。

（四）侧面排烟窗与屋面固定天窗系统

侧面排烟窗与消防联动系统组成一个重要的火灾联动分部分项工程，监理需要求施工方加强窗户的水密性、气密性、平面变形、抗风压性能、电动液压执行机构（或链式机构的开关、复位）等多项重要使用功能的检测与检查，确保火灾时联动开启、关闭灵活。玻璃材质为 8mmLow-E+12A+8mm+1.52PVB+8mm 中空夹胶钢化玻璃，监理需要施工方就玻璃的导热系数进行复试检测，同时关闭后的防渗漏、抗风压性能也是重要控制点，需满足设计要求。竣工预验收前建议建设方委托第三方就整个围护系统进行热工检测，是否满足设计要求，就存在的问题要求施工方进行细部检查并督促整改。

玻璃龙骨材质需检测机构对材料进行物理性能的力学检测，材质热镀锌量、氟碳涂层等需满足设计值。

屋面固定窗户质量控制点可参照侧面排烟窗的主要适用性能进行施工过程中的质量检查。混凝土屋面区域及中庭区域的主龙骨焊缝等级均为二级，需要进行无损探伤检测以确保达到设计要求。

（五）导水天沟系统（含天沟伸缩缝等）

该位置质量控制点主要为不锈钢的氩弧焊施工质量，目前不锈钢氩弧焊工艺相对成熟，监理需在施工过程中检查

图8　铝镁锰板直立锁边节点

相关施工操作人员焊接岗位证书，要求焊缝饱满，不得出现假焊、焊瘤、气孔，一些焊接难度大的，或者盲区位置的不锈钢板块需沿着高低搭接时顺水方向接槎，即沿水流方向上部压下部板块，不得呛水发生渗漏。骨架材质的物理性能需要满足设计要求，镀锌量也是重要控制点。监理需进行见证取样复试，检测合格后方可组织施工。

天沟中间采用 50mm 厚 160kg/m³ 玻璃丝棉保温，监理需进行材料防火性能见证取样复试检测及材料容重的检测。

该天沟排水系统为重心虹吸排水，因整个屋面为明缝设计，所以属无组织排水。鉴于屋面坡度较大，故对于天沟的深度监理要在施工中要求施工方予以适度调整，需进行泼水试验，调整水沟高度，防止水流过大冲击板面而从装饰侧边缝溢出。

（六）防坠落系统

该健身中心屋面为不上人屋面，设置防坠落系统是为了便于运营期的维保与检修，材质为防坠落挂绳：8 号不锈钢丝绳（防坠落钢索末端固定器＋防坠落锚点）和不锈钢螺栓：M8×90mm，该系统主要控制点是材料材质物理性能检测及螺栓点的固定牢靠，必要时建议建设方请第三方做耐冲击性能检测，测试防坠落绳的安全稳定性、可靠性。

天沟伸缩缝应参照土建结构伸缩缝

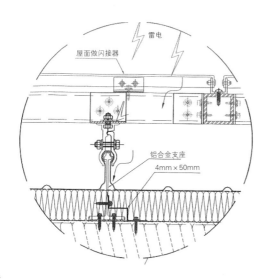

图9 防雷节点做法

位置设置，可按照沉降缝的镀锌钢板节点做法来施工，应同步考虑与主体结构的沉降与伸缩位置来设置。

（七）防雷体系

图纸要求做闪接器。要避免不同金属发生电化学反应，产生腐蚀（图9）。

防雷系统需要针对屋面闪接器高度与整体建筑高度实测避雷体系的接地电阻，其应不大于10Ω；监理应要求施工方采用摇表平行检查，并提供摇测数据汇总表。

## 五、监理对安装施工及成品保护的具体要求

（一）对施工的要求

1. 施工测量应符合下列要求

1）轴线的测量应与主体结构测量相配合，其偏差需及时调整，不得积累。专业测量监理工程师需在结构施工时对预埋件标高、轴线进行平行检查，及时按照验收规范要求就偏差问题及时要求施工单位整改。

2）专业测量监理工程师需定期对屋面板的安装定位基准与施工测量人员进行复核。施工主控制基准点及轴线需要求施工方加以保护，不得偏移。

2. 屋面板安装过程中，构件存放、搬运、吊装时易碰撞和损坏，监理需要求施工方对半成品及时保护，对型材保护膜采取相应保护措施。

3. 焊接时需要求施工人员采取保护措施防止烧伤其他材料。

（二）对安装施工准备要求

1. 安装施工前，安全监理工程师要巡视检查现场脚手架和起重运输设备，是否存在安全隐患及施工条件。

2. 主体结构的施工误差不得大于±25mm。由于主体结构施工偏差而妨碍屋面施工安装时，监理应要求业主、设计和土建承建商采取相应措施，并在屋面安装前实施。

3. 构件安装前监理需检查材料合格证或者见证取样复试报告。监理对不合格的构件一律不得同意安装使用。

（三）对半成品保护措施的相关要求

1. 现场监理需要求施工方就所有半成品不得露天存放。

2. 要求施工方对半成品清除毛刺，避免互相划伤。

3. 要求按零部件规则存放，做到文明施工。

4. 存放较长时间的半成品，监理需要求施工方使用材料隔开，并遮盖严实。

5. 驻厂监理工程师应在杆件打包前要求施工方清理表面。

（四）对成品保护措施的要求

1. 装车保护：驻厂监理工程师应要求所有材料和运输之间必须采取措施，避免表面划伤和变形。

2. 运输保护：装车后需要求施工方加以固定，以免造成滑动、碰撞、划伤。

3. 装卸车的保护：装卸车时，监理应要求施工方对成品增加保护层。

## 结语

金属屋面是近些年来大型场馆建设前瞻性的工程技术，结合BIM建筑信息模型的使用，能够充分将建筑的奇特造型、线条的流畅与动感展现得惟妙惟肖。铝型材质屋面板及铝镁锰板材质自重轻盈，导热性能好，与其他材料如岩棉板、玻璃丝棉、防水卷材、无尘布、多孔镀锌压型钢底板、氟碳喷涂漆、环氧富锌底漆、虹吸、8号不锈钢丝绳结合使用，采取了直立锁边、防雷镀锌钢带跨接、氩弧焊、"T"型件底部橡胶垫隔热等工艺，集成了整个屋面体系的吸声防尘、防水、防腐、防火、保温与隔热、建筑防雷、防坠落等综合功能。对于奇特的建筑造型，该集成系统完全能够确保屋面工程的所有技术参数达到设计要求，同时该复杂工艺已经日趋成熟，目前各大中型城市的地标综合体项目、场馆建设的屋面体系已经普及，并在大面积地推广施工运用中，这就要求监理在这一时期好好掌握金属屋面工程质量控制点并学以致用。

# 浅谈装配式结构监理过程质量控制要点

田胜军　　于培文　　王树平

北京银建建设工程管理有限公司

**摘　要：** 城市是现代化文明和社会进步的重要标志，在社会经济的快速发展，以及我国城市化步伐加快的背景下，本文对装配式建筑的预制构件安装工程的施工技术及质量控制管理监理工作进行了阐述，明确了施工监理工作内容和要点，确保装配式工程安装质量。装配式建筑通过标准化设计、工厂化制造、装配化施工、一体化装修和信息化管理，全面提升建筑工程质量，提高劳动生产效率，实现节能环保的要求，是建筑产业发展的方向。预制构件是装配式混凝土建筑的基础，预制构件质量将直接影响装配式混凝土建筑质量。

**关键词：** 装配式结构；预制构件；质量控制管理

## 引言

装配式钢筋混凝土结构是我国建筑结构发展的重要方向之一，它有利于我国建筑工业化的发展，提高生产效率节约能源，发展绿色环保建筑，并且有利于提高和保证建筑工程质量。

近年来，在装配式整体混凝土结构施工监理实践中，通过不断的探索和努力，总结出装配式结构施工的质量监理控制要点，与大家共同进行经验交流。

## 一、装配式结构监理准备工作

### （一）考察预制构件厂家

建设、监理、总包单位联合对各家预制构件生产厂家进行考察，从厂家规模、生产能力、企业资质、从业业绩、试验室等级等方面评定厂家，提出合理意见，形成考察报告，给予合理意见，确定最终厂家。

### （二）审核预制构件专项施工方案

审核预制构件厂家上报的专项施工方案，包括预制构件生产方案、预制构件运输方案、预制构件吊装方案、试验方案等技术文件，方案内容应体现质量控制措施、验收措施、验收标准、试验计划、运输保障措施、吊装质量与安全措施等。

确定预制构件的吊点、埋件、预留孔、套筒等的位置、尺寸、型号，协调相关单位进行图纸深化，并参加预制厂家进行技术交底。

### （三）编制监理预制构件安装监理实施细则

熟悉装配式结构系统施工图纸，针对装配式混凝土建筑工程的特点，编制预制构件安装监理实施细则，基本内容包括：①起重机械和构件吊装；②预制构件安装；③套筒灌浆；④外墙节点防水；⑤转换层安装质量控制。

## 二、装配式构件驻厂监理工作

### （一）驻场监督预制构件技术准备

1. 熟悉构件厂出具的经原设计审核通过的深化图纸。

2. 驻场监理人员熟悉经总监理工程师审核通过的各项施工方案。

3. 根据施工现场施工进度计划，审核构件厂构件生产计划。

（二）驻场监督预制构件生产要点

1. 检查模具使用的材料应符合相关要求，模具应具有足够的强度、刚度和稳定性；模具组装正确，应牢固、严密、不漏浆，并符合构件的精度要求；模具堆放场地应平整、坚实，不应有积水，模具应清理干净。

2. 对进场钢筋材料进行外观验收，取样复试，钢筋品种、规格、强度、数量、位置应符合设计和验收规范文件要求，并确保保护层厚度；埋件、套筒、预留孔等材料应合格，品种、规格、型号等符合设计和方案要求，预埋位置正确，定位牢固。

3. 预制构件混凝土浇筑之前，厂家应在自检合格后报驻场监理验收，对钢筋、保护层、预留、预埋、套筒等进行验收，经验收合格后方可浇筑混凝土。

4. 混凝土原材料及外加剂应有合格证，混凝土应振捣密实，随时观察模具，出现变形移位及时采取措施，并留置抗压试块。

5. 模具拆除，当强度达到设计及相关要求后方可拆模，拆模后应对预制构件进行验收，对存在的缺陷进行整改和修补。

6. 预制构件出厂前的验收，构件厂应建立产品数据库，对构件产品进行统一编码，建立产品档案，在产品醒目位置做明显标识。预制构件根据安装状态受力特点，制定有针对性的运输措施，保证运输过程构件不受损坏。

## 三、装配式构件安装质量控制

（一）预制构件进场验收

预制构件进场后，应对预制构件外观进行检查，是否存在缺损问题，检查其编码标识是否齐全及相关物资进场资料，预制构件进场需提供的资料：

1. 叠合板、楼梯：出厂临时合格证、钢筋原材复试报告、混凝土同条件试块报告（蒸养强度达到75%），楼梯结构性能检测报告，28天后提供标养试块强度报告（30%见证）及合格证。

2. 预制墙板：出厂临时合格证、钢筋原材复试报告、混凝土同条件试块报告（蒸养强度达到75%）、保温板复试报告、套筒型式检验、套筒工艺检验，28天后提供标养试块强度报告（30%见证）及合格证。

（二）预制构件存放管理

预制构件原则上不在现场存放，如必须在现场存放，需在指定地点按要求放置。

根据预制构件受力情况存放，同时合理设置支垫位置，防止预制构件发生变形损坏；预制叠合阳台板、预制叠合板、预制楼梯以及预制阳台挂板用叠放居中放置，层间应垫平、垫实，垫块位置安放在构件吊点位置。

预制墙板插放于墙板专用堆放架上，堆放架设计为两侧插放，堆放架应满足强度、刚度和稳定性要求，堆放架必须设置防磕碰、防下沉的保护措施；堆放时要求，两侧交错堆放，保证堆放

架的整体稳定性，插放架根据构件厂提供的尺寸和要求进行设置加工或租赁构件厂的成型插放架。

（三）预制构件吊装

1. 技术准备

审核装配式结构施工组织设计，审核完成后由施工单位组织专家论证，根据专家论证审核意见进行修改，经专家论证同意后方可施工。

审核装配式结构吊装方案，符合要求后，严格按照方案及相关规范要求施工单位。

技术交底工作必须落实到位，吊装人员需经培训合格，掌握相关吊装知识，严格按照方案进行吊装作业。

2. 预制构件安装

（1）预制墙板吊装顺序：测量放线→吊装准备工作→吊运→安装斜支撑→安装定位键→调整固定→复核→取钩。

挂钩之前应检查吊钩是否牢靠，吊钩与吊钉连接是否稳固，检查吊钉周围是否有蜂窝、麻面、开裂等影响吊钉受力的质量缺陷。

套筒灌浆连接钢筋规格、数量、中心位置、外露长度符合设计要求，预制墙板缓慢就位，连接钢筋缓慢插入灌浆孔道内。

斜支撑安装先固定下部固定点，再固定上部固定点。上部支撑点安装高度在墙板2/3位置处；外墙有斜支撑套筒

应安装在套筒位置。按照布置图安装外墙定位件，每块墙安装2个定位件，防止构件偏移。斜支撑安装紧固完成后，可以取钩。

项目监理部派专人全过程旁站吊装，过程中发现问题及时要求施工单位处理到位，严格把控安全与质量。

（2）预制楼梯吊装顺序：吊装准备工作→安装卸扣→楼梯梯段吊运→楼梯梯段就位→楼梯梯段安装→楼梯梯段调整→复核→取钩。

因楼梯为斜构件，吊装时用2根同长钢丝绳4点起吊，楼梯梯段底部用2根钢丝绳分别固定两个吊顶。

由于平台板需支撑梯段荷载，梯段就位前，休息平台叠合板需安装调节完成。检查休息平台叠合板的标高是否准确，梯段支撑面下部支撑是否搭设完毕且牢固。梯段落位后就可用轮扣架顶托在楼梯底部，加以固定。

落位后需复核梯段是否按设计预留缝隙，并根据控制线，利用撬棍微调，校正。

（3）叠合楼板吊装顺序：吊装准备工作→安装卸扣→楼板吊运→楼板就位→楼板安装→取钩。

吊运至设计标高上方500mm处停止塔吊下降，调整好叠合楼板位置后，缓慢下降至墙板上，速度过快容易造成楼板出现裂缝。

墙板上需贴好单面胶条，让楼板完全搭在单面胶条上面，将楼板缓慢降至墙板上，注意保证楼板与墙板搭接为1.5cm，并目测楼板的边缘与墙板顶部单面胶条是否搭接完全。

塔吊下降至钢丝绳呈松弛状态，在确认叠合板位置无误后，将挂钩取下。

（四）灌浆监理旁站要点

1. 预制墙板接缝分仓

分仓隔墙宽度应不小于2cm，为防止遮挡套筒孔口，距离连接钢筋外缘应不小于4cm。分仓时两侧需内衬模板（通常为便于抽出的PVC管），将拌好的封堵料填塞充满模板，保证与上下构件表面结合密实，然后抽出内衬。

对构件接缝的外沿应进行封堵，使用专用封缝料（坐浆料）时，要按说明书要求加水搅拌均匀。封堵时，立面材料（内衬材料可以使用软管、PVC管，也可用钢板），填抹1.5~2cm深（确保不堵套筒孔），一段抹完后抽出内衬进行下一段填抹。段与段结合的部位、同一构件或同一仓要保证填抹密实，填抹完毕确认干硬强度达到要求（常温24h，约30MPa）后再灌浆。

2. 预制墙板接缝灌浆

（1）灌浆工艺流程：灌浆孔清理→构件灌浆区域周边封堵—灌浆料搅拌→流动度检测→灌浆施工→灌浆饱满、出浆确认并塞孔→场地清洁。

（2）灌浆料制作，严格按本批产品出厂检验报告要求的水料比（比如11%，即为11%水+100g干料）用电子秤分别称量灌浆料和水，每班灌浆料连接施工前进行灌浆料初始流动度检验，根据需要进行现场抗压强度检验。制作试件前浆料也需要静置2~3min，使浆内气泡自然排出。在正式灌浆前，逐个检查各接头的灌浆孔和出浆孔内有无影响浆料流动的杂物，确保孔路畅通。用灌浆泵（枪）从接头下方的灌浆孔处向套筒内压力灌浆。特别注意正常灌浆料要在自加水搅拌开始20~30min内灌完，以尽量保留一定的操作应急时间。

封堵灌浆、排浆孔，巡视构件接缝处有无漏浆接头灌浆时，待接头上方的排浆孔流出浆料后，及时用专用橡胶塞封堵。灌浆泵（枪）口撤离灌浆孔时，也应立即封堵。在灌浆完成浆料初凝前，应巡视检查已灌浆的接头，如有漏浆及时处理，灌浆完成后，填写灌浆作业记录表；发现问题的补救处理也要做相应记录。灌浆后灌浆料同条件试块强度达到35MPa后方可进入下一道工序

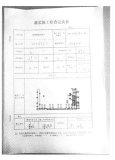

施工（扰动）。

项目监理部派专人对灌浆全过程进行旁站，发现问题立即要求施工单位处理到位。

（五）现浇节点施工监理控制要点

1. 现浇节点钢筋安装

预制板预留钢筋为封闭箍筋，绑扎前在预制板上用粉笔标定暗柱箍筋的位置，预先把箍筋交叉放置就位，墙体钢筋安装时，严格控制钢筋安装质量，保证暗柱钢筋与预制墙体甩出筋、箍筋绑扎固定形成一体。

2. 现浇节点墙体模板安装

墙体模板采用钢制定型模板，安装模板前将墙体内杂物清扫，在模板下口抹砂浆找平层，解决地面不平造成混凝土浇筑时漏浆的现象；安装模板是利用顶模筋进行定位，模板预制墙板接缝部位使用海绵条密封，两块预制墙板之间

"一"字形现浇节点，采用内侧单侧支模，外侧利用两侧墙板外页板做模板。

3. 转换层插筋定位控制措施

在浇筑混凝土之前在楼板上通过轴线在现浇楼板模板上面放出控制线，并在现浇楼板模板上面弹出插筋所在位置，现浇节点混凝土浇筑，在浇筑楼板混凝土时还得重新复核插筋孔位置的偏差，有偏差应及时调整在施工要求控制范围内，并在浇筑前安装定位钢板二次定位。转换层现浇混凝分2次浇筑，第一次浇筑至板底下方500mm，浇筑完成后及时校核、调整定型门架，确保定位筋位置准确。

（六）装配式外墙构件防水细部监理质量控制

项目监理机构应对装配式外墙构件进行检查，主要检查外墙节点防水构造，包括门窗洞口、阳台、空调板、变形缝、

伸出外墙管道、预制外墙板连接缝、外保温及其节点构造，进行隐蔽验收。对现场外墙板接缝处和外窗淋水试验进行见证。

## 结语

通过对装配式结构的监理工作，提高了自身的专业水平知识，还需不断地学习相关专业知识，完成专业监理工程师负责工作，阐述不足还需各位同仁给予指导。

参考文献

[1] 装配式混凝土建筑技术标准：GB/T 51231—2016[S]. 北京：中国建筑工业出版社，2017.

[2] 装配式混凝土结构技术规程：JGJ 1—2014[S]. 北京：中国建筑工业出版社，2015.

[3] 装配式混凝土结构工程施工与质量验收规程：DB11/T 1030—2013[S]. 北京：北京城建科技促进会，2021.

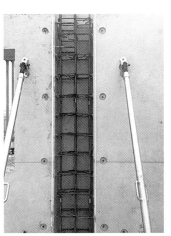
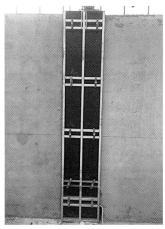

# 某抽水蓄能电站引水上斜井导井施工监理实践

黎山　郑慧明　付燕燕

中国水利水电建设工程咨询中南有限公司；广东省水利电力勘测设计研究院

**摘　要：**本文简要介绍了华东某抽水蓄能电站引水系统高强度硬岩、长435m上斜井导井施工技术、定向钻+反井钻法的优势、监理控制要点及本工程成功应用成效。本工程成功实践经验对类似工程400m级长斜井施工具有借鉴意义。

**关键词：**超长斜井；硬岩；导井；施工；监理

## 一、工程概况

### （一）工程布置

某抽水蓄能电站地处华东电网负荷中心——浙江省北部，电站枢纽主要由上水库、下水库、输水系统、地下厂房及开关站等建筑物组成。装机规模2100MW（6×350MW），额定水头710m，国内领先。引水系统采用"三洞六机"斜井式布置，斜井上下高差约790m，倾角为58°，以中平洞把引水斜井分成上下两段，上、下斜井开挖长度分别为435m和392m，上斜井开挖洞径为7m。

### （二）地质条件

上斜井围岩岩性为流纹质角砾熔结凝灰岩、流纹质晶屑熔结凝灰岩及流质含砾熔结凝灰岩等，岩石微风化～新鲜，弱～微透水性，较完整～完整，局部完整性差；节理较发育、中倾角顺坡节理与斜井交角较大，围岩为Ⅱ～Ⅲ类，断层附近为Ⅳ类。斜井位于地下水位线以下，岩体为微～弱透水性，以滴水、渗水为主，岩石饱和抗压强度188~282MPa，软化系数0.71~0.84。断层F101及层间错动带对输水系统的工程地质条件影响较大。

### （三）长斜井施工的难点

1.地质条件较复杂；岩石强度高，存在断层，层间错动带，节理较发育。

2.上斜井未布置通向斜井中部的施工支洞，斜井直线段最长为435m，孔斜与方位角控制难、钻孔偏斜精度要求高（≤5‰），施工难度较大。

3.斜井开挖作业面到施工支洞洞口最小距离超过为1000m，开挖贯通前通风排烟难度大，爆破后通风排烟时间长，洞内温度高，施工环境差。

4.引水斜井高差大、施工作业面狭小、交通条件不便、人员及物资材料运输量大且安全风险高，安全隐患多。

## 二、长斜井导井施工技术研究

国内类似工程引水长斜井开挖方法一般先施工导井，然后再利用导井溜渣扩挖至设计断面。其中导井开挖通常有以下三种方法：爬罐法、反井钻机法、反井钻机+爬罐法。

随着国内大型抽水蓄能电站的建设，超过300m的长斜井开始大范围采用，反井钻机法、爬罐法、反井钻机+爬罐法，因受爬罐和反井钻机施工机械作业能力、职业健康安全要求、施工进度及导井贯通精度要求等影响，难以顺利保证目标实现；近年国内水电界借鉴定向钻＋反井钻技术，开始在抽水蓄能电站300m级斜井导井施工的试验和应用。

（一）导井施工方案比选

本工程斜井位于工程建设次关键线路，工期紧张，其角度陡、钻孔深度大、岩石强度高、孔斜与方位角控制难、钻孔偏斜控制的要求精度高；像本工程上斜井长达435m，国内可以借鉴的经验很少，因此选择合适的施工工艺及施工机械是关键。为此建设单位多次组织调研比选，决定长斜井导井采用定向钻机＋反井钻机施工法。采用定向钻机自上而下施工Φ216mm定向孔，然后采用定向钻机自下而上扩至Φ295mm先导孔，再采用反井钻机自下而上将先导孔反拉成直径为Φ2000mm的导井，最后人工正井扩挖到设计断面的施工工艺。

（二）定向钻机＋反井钻机法控制重点

定向钻机＋反井钻机法适用长斜井作业，具有机械化程度高、施工速度快、安全风险低的特点。定向钻机采用磁导向、随钻随测斜控制钻孔角度，可实现及时调整钻孔角度。

因此定向孔及先导孔施工直接决定导井乃至整个斜井工程的成败。如何保证超400m级的长斜井（无施工支洞）定向孔施工质量、进度是监理工作的重点和关键。

（三）主要施工设备选型

1. 定向钻机

综合定向孔直径、斜井长度、倾角及围岩岩体抗压强度、岩石硬度指标，选择相应的定向钻机，然后对钻机及电机、液压系统的主要参数进行受力、安全、稳定等复核验算，选定定向钻机型号为DFZ-68（表1）。

2. 反井钻机

根据导井直径、斜井长度、倾角及围岩岩体抗压强度、岩石硬度指标，选择相应的反井钻机，然后对钻机及电机、液压系统的主要技术参数进行验算。选定反井钻机型号为ZFY3.5/150/500（表2）。

## 三、长斜井导井施工监理

（一）参与组织长斜井导井施工方案的比选

鉴于岩体强度高，及时提醒施工单位现场取岩样进行试验，检测岩体实际强度，复核钻机、钻杆、刀盘及钻头等设计及能力。通过复核计算，重新选定了定向钻机、反井钻机，增大其能力，调整了导井等直径：

1. 导向柱结构改为框架结构，能够承受更大的扭矩。

2. 钻机、钻杆、钻头、滚刀等进行技术改进，确保设备性能及破岩能力。

3. 增加扶正轴承，更利于大角度工况下施工斜井。

4. 导井直径Φ2500mm缩小为Φ2000mm。

5. 先导孔直径由Φ195mm，增大到Φ216mm。

（二）发布监理方案

及时编制发布监理方案，明确监理工作流程、工作要点、工作方法及措施，组建斜井监理小组，配备有关监理设备，组织内部培训和交底。

（三）组织审查导井施工方案

督促完善施工措施和流程，进一步明确技术要求、验收标准及纠偏措施，尤其是孔斜控制措施，严格控制先导孔狗腿度，避免急纠偏，以防卡钻、别钻，落实卡钻、断杆、整钻、掉钻头异常情

DFZ-68定向钻机主要技术参数　　　　　表1

| 序号 | 项目 | 技术参数 | 备注 |
| --- | --- | --- | --- |
| 1 | 钻孔倾斜角度（与水平方向夹角，°） | 15°～90° | |
| 2 | 钻孔斜长（m） | 600 | |
| 3 | 动力头转速（r/min） | 0～180 | |
| 4 | 最大扭矩（kN·m） | ≥60 | |
| 5 | 最大进给、提升力（kN） | 4500 | |
| 6 | 主机重量（t） | 23 | |
| 7 | 偏斜控制（‰） | 5 | |

ZFY3.5/150/500反井钻机主要技术参数　　　　　表2

| 序号 | 项目 | 技术参数 | 备注 |
| --- | --- | --- | --- |
| 1 | 导孔直径（mm） | 295 | |
| 2 | 扩孔直径（m） | ≤4 | |
| 3 | 转速（rpm） | 0～22 | |
| 4 | 最大拉力（kN） | 4300 | |
| 5 | 最大推力（kN） | 2900 | |
| 6 | 额定扭矩（kN·m） | 120 | |
| 7 | 最大扭矩（kN·m） | 180 | |
| 8 | 钻孔倾角（°） | 50～90 | |
| 9 | 钻杆直径x有效长度（mm） | 254x1500 | |
| 10 | 主机重量（t） | 13.1 | |

况处置预案。

要求优选有技术实力、类似长斜井施工经验的专业公司实施。

（四）检查开工条件

对照开工条件清单逐一检查落实情况。及时组织定向钻机、反井钻机及钻杆等设备设施进场验收，督促开展施工作业人员培训和技术交底，及时做好上平和中平洞技术超挖、钻机安装平台，检查水电风管布置，备用电源配备、泥浆制备，组织定向孔孔位、开孔倾角、方位角联合测量复核，组织开工联合验收，督促储备易耗件备件，尤其是钻杆、滚刀、水泵、电机等的备件。

（五）加强过程控制

1. 严格控制钻进速度，尤其是前30m断层及不均匀地层的钻进控制，督促密切关注泥浆质量及返浆量、返回岩屑颜色数量，及时掌握钻孔情况。

2. 按照钻机运行要求，在无线随钻随测的基础上，增加提钻人工测量等方法测量孔斜，孔斜监测每钻进30m测斜一次，5～10m一个测点。孔斜超偏时，加密测点，落实定向纠偏措施。

3. 出现偏差应及时分析影响，缓纠偏或是不纠偏。当钻孔偏距大于0.5m时，需要进行缓纠偏；当钻孔井斜角大于0.8°时，需要进行缓降斜。

4. 实行工点管理，过程中坚持"日检查、周总结、月分析"，安排测量、土建等监理工程师专人跟踪监理，及时编制日报。

5. 督促做好分包管理，要求专业分包单位技术负责人到场组织施工和技术交底，选派有经验的机长负责现场工作。

（六）及时召开施工总结分析会

及时召开开钻前会，钻进30m、130m、230m、330m、435m施工总结分析会，查找并解决问题，优化工艺和参数，固化措施，提升管理成效。

建立快速反应机制，遇到异常情况及时召开现场会议，分析原因及时解决过程问题。

（七）成立四方联合攻关小组

成立了业主、施工、监理等单位参加的联合技术攻关小组，提前研究落实施工过程重大技术方案，研究解决定向孔、先导孔等施工中可能出现的问题，并制定了施工保障措施和故障处理应急预案。

（八）成效及异常情况处理

整体上，本工程3条超400m上斜井的定向孔、先导孔和导井施工顺利，未出现断杆、埋钻等严重情况，也未出现安全事故，定向孔井斜均小于1%，导井均一次顺利拉通。

1号上斜井定向孔施工过程出现了掉钻头，打捞钻头耗时较多。

因地质原因，2号、3号上斜井先导孔分别在钻进约30m、40m时出现孔斜偏差较大，后经四方现场协商决定，及时移位重新开孔后一次顺利贯通。

2号、3号上斜井导井施工过程因岩体强度高，钻头磨损严重，分别更换滚刀一次。

（九）成效

通过精细管理、科学施工、跟踪监理，3条上斜井导井定向孔均安全顺利一次贯通，孔斜均小于5‰，最大斜率1‰，未出现安全事故，有效保证先导孔和导井一次顺利施工；3条上斜井实际有效工期均比计划工期提前，第二条上斜井比第一条上斜井节省48天（包括春节休假），第三条上斜井比第三条上斜井加快7天（包括春节休假），充分说明定向钻机＋反井钻机法在长斜井导井施工具有明显的优势，且有潜力可挖。

## 结语

本工程长斜井导井采用定向钻机＋反井钻机法施工，因研究充分、方案合适、技术先进、设备适宜、措施到位、控制有效，3条上斜井导井定向孔均安全顺利贯通，有效保证先导孔和导井一次顺利施工，为本工程斜井工期提供了有力保障，也首创国内高强度硬岩、超长斜井施工记录，为我国大型抽水蓄能电站建设提供了成功范例。

# 高层建筑施工安全监理要点

苏强

上海海达工程建设咨询有限公司

## 一、工程概况

该项目位于城市老城区，道路交叉口处西南面，高层住宅，地下 2 层、地上 32 层，裙楼 2 层、设计为框剪结构。总建筑面积超 16 万 m²，8 幢单体建筑，建筑高度为 96m。

## 二、事前危险源分析

该项目由于是高层建筑工程，体量较大。在接受该项工程监理服务时，面对我市近几年来工程安全的严峻形势，施工安全备受关注，监理承担的安全风险加大，施工安全事故的预防与监控工作无疑显得十分重要。我们的事前控制主要集中于以下几点：

1. 基坑位移的监测，主要包括：坑边荷载限制、排水、护栏与安全通道防护等。

2. 落地外脚手架的搭设和使用，其中监控的重点是：脚手架立杆、横杆间距，扫地杆与斜撑设置等。

3. 悬挑脚手架的工字钢承载能力、锚固点间距的复核，卸载钢丝绳的着力点等。

4. 附着式升降脚手架的穿墙螺杆、防坠落装置的有效性，升降操作过程中的荷载平衡，以及提升设备的能力和完好率等。

5. 高支模计算与监控。支架承重荷载的计算、搭设的形式，静、动荷载的平衡等均要进行论证，并要组织专家评审；其投入实施的方案必须落实到位、监控到位。

1）模板下木枋截面与间距，梁下立杆、横杆间距，斜撑、双扣件抗滑设置与落实。

2）施工方案论证。

6. 塔吊、施工电梯安装与使用

1）机械设备进场检验、报审，基础计算审查与复核，施工混凝土浇筑旁站等。

2）使用操作、吊装运行、升降动态监控等。

7. 工地临时用电的监控

1）用电线路及设备检查：临时变压器、变电室、备用发电机、各类开关箱、输电导线架设方式的检查等。

2）各类机具使用监控：各类电焊机、小型施工机具（电锯、钢筋成型机、混凝土振捣器）用电接地保护、开关箱接电规范、电源拉线的要求等。

8. 施工技术方案审查和落实

1）审查施工专项方案中的安全技术措施是否符合工程建设强制性标准。

2）监理项目部在实施监理过程中，发现存在安全隐患的，应要求施工单位整改，情况严重的，应要求施工单位暂时停止施工，并及时报告建设单位。施工单位拒不整改或者不停止施工的，监理应及时向有关主管部门报告。

3）针对该项工程特点，加强施工方案中安全施工措施的审查，监理项目部采取的措施是在编制主体工程监理重点的方案中，预先就明确审查的各类方案，提前发给施工方，要求提前做好方案准备上报审批，组织审查论证，较为复杂的，难点较多的方案必要时邀请专家参与评审。

## 三、施工过程中的现场安全监控重点

1. 塔吊的安装与使用监控，复核基础设计的安全稳定性

1）对于塔吊安全使用的第一重要条件，就是基础的承载能力与安全稳定性。在实施过程中，对施工方的方案进行审查，对其计算的错误进行纠正，尤其是偏心矩的要求。

2）基础混凝土浇筑前，要进行隐蔽验收。对其受力主钢筋的绑扎、基础底座预埋、同底板连接时的止水钢板进行检查，做到既安全又稳妥。

2. 防止塔吊的倾覆和构件吊装要求

1）塔吊底座必须平整、地下必须坚实可靠；严禁超载吊装，超载有两种危害，一是断绳重物下坠，二是"倒塔"，

或塔吊倾覆。

2）禁止斜吊，斜吊会造成超负荷及钢丝绳出槽，甚至造成拉断绳索和翻车事故；斜吊会使物件在离开地面后发生快速摆动，可能会砸伤人或碰坏其他物件。

3）要尽量避免满负荷吊装，构件摆动越大，就可能发生倒翻事故，并将构件转至塔吊的前方。拉好溜绳，控制构件摆动。

4）绑扎构件的吊索须经过计算，所有塔吊工具，应定期进行检查，对损坏者做出鉴定，绑扎方法应正确牢靠，以防吊装中的吊索破断或从构件上滑落，使塔吊失稳而倾翻。

5）吊装区域的安全规定

（1）吊装危险区域，必须有专人监护，非施工人员不得进入危险区。

（2）吊装危险区域应划为警示区域，用警示绳围护。

3. 脚手架的搭设与监控

本工程 ±0.00 以下设置落地式脚手架外，在首层以上转换层以下，包括后面的裙楼，有部分脚手架设置为悬挑脚手架，悬挑脚手架的施工方案经过审查后实施。对施工现场安装进行检查时发现，方案中设计验算的是工字钢，但现场实际施工时却被多条槽钢所替代，要求施工单位按荷载要求，重新对其进行验算。锚固点的锚环垫木并不是整块木料，2 个锚环有的缺一，个别的立杆钢管并未套入工字梁端锚焊的短钢筋之中等问题，已要求施工方进行整改。

4. 附着式升降脚手架的使用

在高层建筑中附着式升降脚手架是工人安全施工的安全保障，因此在安装过程中应加强监控，发现问题并及时整改。

1）加强监控管理。要求附着式升降脚手架的安装单位，对安装、爬升或将来拆卸都应做相关纪录，使爬架在安装、使用、拆卸的过程中都应在监控之中。

（1）成立爬架的管理小组。爬架设备由专业公司提供设备、技术、操作保证，由总包、监理单位安排监控人员，统一监控、保证爬架使用安全。

（2）爬架的爬升应由专人操作。爬架专业技术较强，要求操作人员具有相应资质、上岗证；在初期实际操作过程中，发现非爬架操作人员随意爬升，由于荷载控制不平衡险些造成事故。

（3）爬升操作落实监控。每一榀爬架爬升时，按操作方案要求必须对导轨等各点进行检查，控制各点荷载均衡；爬升前管理监控小组成员组织检查验收，然后在监控中进行爬升。

（4）在实际监管过程中发现，爬架使用的葫芦初期不配套，不但数量少、其完好率也较低，已要求爬架安装公司进行整改，维修或更换。

2）严控爬架的纵向桁架锚固点。爬架导轨的附墙锚固点是安全使用的关键之处，应对其重点监控。锚固不当，引起滑脱、落架将是致命的事故。

5. 监控用电安全

1）现场用电应有定期检查制度。对重点用电设备每天要巡回检查，每天下班后一定要关闸；现场使用的电动工具，必须安装漏电保护器，值班电工要经常检查、维护用电线路及机具，保持良好状态。

2）配电柜和用电设备应有防雨的措施。配电箱、电焊机等固定式设备外壳应按规程接地，防止触电。配电箱、开关箱应装设在干燥、通风及常温场所，不得装设在易受外来固体物撞击、强烈振动、液体浸溅及热源烘烤的场所。

3）禁止多台用电设备共用一个电源开关，开关箱必须实行"一机一闸一漏"

制。熔丝不得用其他金属代替，且开关箱上锁编号，由专人负责；配电作业人员需持证上岗，非专业人员不得从事电力作业。

4）现场用电不得随意计划外乱拉乱接。超负荷用电，三相要均衡搭接；钢结构安装现场都是能导电的构件，主电缆要埋入地下，一次线要架空，不得放置在地上。

## 总结

1. 建设工程施工安全是三方共同的责任，在该项工程的安全监管中，甲方为现场监理创造条件，支持监理的工作，尤其是审查专项方案的安全技术措施时，对监理提出的有利于安全施工保障的措施，都会给予大力支持。如构件吊装就位、临时用电的安全措施，在每周安全大检查中，都十分支持监理提出的整改措施，同时对施工单位安全员监管不力也能大胆提出批评。

2. 经常联络质检站，争取他们在安全监管方面的理解与支持，质检站除不定期来工地检查外，监理项目部也常常邀请他们对一些关键部位，如外脚手架、塔吊实施检查，在检查过程中我们主动地提供一些施工单位做不到位的地方，让他们给予认证和纠正，共同督促进行整改。

3. 在安全措施落实不到位时，可通过召开专题会议的方式进行解决。如塔吊吊装不规范、葫芦提升设备经常损坏等，召开专题会议解决。

通过该项工程的安全监理实践，使我们体会到，施工安全是参建各方的共同责任，只有各方共同努力，各司其职，发挥各自的优势，才能把安全工作做好。只要各方工作到位，密切协作，工程施工中的安全问题是可以得到有效遏制的。

# 解析《混凝土结构工程施工质量验收规范》中尺寸误差测量技术，明确设计、监理咨询及施工控制要点

张莹

北京凯盛建材工程有限公司

**摘　要**：本文在深度解析《混凝土结构工程施工质量验收规范》GB 50204—2015及相关规范的基础上，结合多年来的实际经验，针对规范中就现浇混凝土结构住宅工程的实测实量中尺寸误差展开深入研究，并对尺寸误差的制定原则、测量方法、实施要点展开讨论，首次在建筑领域提出方正放线测量法、楼板测厚卡尺法。纠正现有标准中的不妥之处，为今后修订国家标准、制定施工图集提供相关依据。同时，也为设计行业提供尺寸公差与配合制定原则，施工企业正确掌握测量技术及降低测量成本提供新途径；为监理咨询行业做好前期设计咨询、过程控制，以及后期测量结果仲裁判定工作，铺垫扎实的理论基础。

**关键词**：实测实量；方正放线测量法；楼板测厚卡尺法

## 一、新、旧标准规范介绍及相关条文解析

### （一）新规范介绍

根据住房和城乡建设部《关于印发2011年工程建设标准规范制定、修订计划通知》（建标〔2011〕17号文）的要求，《混凝土结构工程施工质量验收规范》GB 50204—2015由中国建筑研究院会同有关单位经广泛调查研究，认真总结工程实际经验，参考有关国际标准和国外先进标准，并在广泛征求意见的基础上修订完成。本规范共分10个章节、6个附录，主要内容：总则、术语、基本规定、模板分项工程、钢筋分项工程、预应力分项工程、混凝土分项工程、现浇结构分项工程、装配式结构分项工程、混凝土结构子分部工程等。其主要特点如下：

1.《混凝土结构工程施工质量验收规范》GB 50204—2015（以下简称"《规范》"）应与《建筑工程施工质量验收统一标准》GB 50300—2013配套使用，其为基础标准，各类验收均在该标准的框架下制定。

2.《规范》同样适用于轻骨料混凝土的施工质量验收（有特殊要求的还应符合相应标准的有关规定）。

3.《规范》应与《混凝土结构工程施工规范》GB 50666—2011配套使用，前者为验收标准，仅对混凝土结构施工结果进行验收和评定，而后者为结构施工工艺和方法的国家标准，是施工质量验收的前提，且本次修订更进一步弱化了《规范》关于施工方面的内容，因此，混凝土结构施工应按照GB 50666实施。

### （二）新规范、旧规范（GB 50204—2002）之间的差异

1. 完善了验收基本规定（与GB 50300—2013的修订相符，GB 50300—2013关于验收的相关规定改动量较大）。

2. 与相关规范进行协调，删除了部分施工过程控制内容。

3. 增加了认证或连续检验合格产品的检验批容量放大规定。

4. 加强了对工具式模板及高大模板的验收要求。

5. 删除了模板拆除内容。

6. 增加了成型钢筋等钢筋应用新技

术的验收规定。

7. 增加了无黏结预应力全封闭防水性能的验收规定。

8. 完善了预拌混凝土的进场验收规范。

9. 完善了预制构件进场验收规定。

10. 增加了结构尺寸偏差的实体检验要求。

11. 结构实体混凝土强度中增加了回弹—取芯法。

12. 强化了模板材料进场验收规程。

（三）相关条文解释

《规范》修订中特别增加了对结构位置与尺寸偏差的实体检验要求，并做出8.1.1规定，"现浇结构质量验收应在拆模板后、混凝土未做修整和装饰前进行，并应做出记录"，本条文在意思表达存在以下欠妥之处：

1. 在实际工作中，拆模后的混凝土结构面必然在模板缝隙、螺杆与紧固孔之间存在强度较低的漏浆、凸边以及夹渣，若在不清理这些面积不大、强度不高的工艺爆点前提下，进行实测实量，显然是不正确的，此项工作应作为实测实量的紧前工作。

2. 标准应增加"清理"和"修整"术语定义及界面划分，在既保证测量结果的真实性的前提下，又能避免一些施工单位盲目地将修整内容划入清理范围，他们为了追求尺寸、形状和位置误差评判标准进行过度剔凿，甚至造成新的结构性质量缺陷，显然这种操作模式已完全违背新标准补充条文制定的初心理念。

3. 装饰工作不一定是混凝土结构实测实量质量检验评定工作的紧后工作，工序之间无必然联系，无须在此做硬性规定。

4. 混凝土结构工程在实测实量过程中必然存在超出评判标准的测量项目，

是可以通过修整或其他方式满足使用要求，但应由施工单位制定相应的技术修改方案，并由设计、监理进行审批后，方可实施，处理前后留有影像资料。同时，标准应增加一组对修整后的评价项目及测量指标的评定方法，如延续使用现有操作模式，将会导致一个豆腐渣工程通过过度修整，满足现有标准，这显然是不公平的，也无法真实客观反映施工质量。

## 二、分析《规范》实测实量中尺寸误差测量技术，明确设计、监理咨询及施工控制要点

（一）尺寸公差术语、定义、尺寸及其测量误差

在进行测量误差分析前，应结合测量技术相关理论，补充标准规范中缺失的术语定义。

1. 基本尺寸

定义：设计人员根据建筑结构体量及结构特征，对构配件进行受力分析、强度计算所给出的尺寸。用 $L_o$ 表示。

2. 偏差及偏差种类

1）偏差

定义：某一实际尺寸减去基本尺寸所得的代数差称为偏差，亦称尺寸偏差。偏差的种类可分为实际偏差、极限偏差两种。

2）实际偏差

定义：实际尺寸减去基本尺寸所得的代数差。$E_a=L_a-L_o$，亦称尺寸偏离值，为矢量。实际偏差可能为正值、负值或零，数值前需冠以"+"或"−"。

3）极限偏差

定义：极限尺寸减去基本尺寸所得的代数差。分为上偏差和下偏差。

4）上偏差

（1）定义：最大极限尺寸减去基本尺寸所得的代数差，用 $E_s$ 表示。

（2）计算公式：$E_s=L_{max}-L_o$

5）下偏差

（1）定义：最小极限尺寸减去基本尺寸所得的代数差。

（2）计算公式：$E_i=L_{min}-L_o$

极限偏差由设计确定，可为"+""−"或"0"。实际偏差应包含在极限偏差的范围内作为合格判定标准。

3. 尺寸公差（以下简称"公差"）

1）定义：尺寸公差是指最大极限尺寸和最小极限之差或上偏差减去下偏差，即指设计所规定的实际尺寸数值所允许的变动量。用 $L_h$ 表示。

2）计算公式：公差 = 最大极限尺寸 − 最小极限尺寸 = 上偏差 − 下偏差

$$L_h=L_{max}-L_{min}=E_s-E_i$$

4. 尺寸公差、偏差设计原则

首先根据建筑物体量特征，选用合理的安全系数进行结构力学计算，确定基本尺寸。

结合形体结构等及装配件之间的相互配合关系，确定基本偏差的位置，运用价值工程原理，确定公差的大小。

举例，根据力学强度计算，建筑物的柱体截面尺寸以 600mm×6mm 作为基本尺寸，考虑钢筋保护层的厚度不宜过小，设计确定其下偏差为 −3mm，运用价值工程原理，降低施工难度，减少成本，适当放宽误差范围，将柱体截面尺寸的上偏差设计为 +4mm，其公差为7mm，作为施工过程的实际偏差范围。

在进行尺寸误差分析时，应明确概念原理，消除模糊用词，做到用词准确，注意以下几点：

1）误差：测量值与真实数值之间

的差异。由于测量仪器、测量条件、环境因素、测量人员的技术水平，测量值不可能无限精确，实际测量值与客观存在的真实值之间总会存在着一定的差异，这种差异就是测量误差。

2）错误：误差与错误不同，错误是可以避免的，而误差是不可能绝对避免的。

3）公差带的合理分配：产品设计保证值下如何保证合理分配测量误差、测量工具的磨损公差、环境误差、测量过程中的视觉误差等，通常采用合理压缩设计给定标准值作为内控指标。

4）公差带与偏差的属性：公差带是基本尺寸在极限范围内的变化区间，为标量；偏差是基本尺寸的变化区间的定位点，为矢量。

5）尺寸公差的独立原则：尺寸公差仅控制需要控制建筑实体的实际尺寸，不考虑控制形状和位置公差对尺寸误差的影响。

（二）混凝土结构尺寸误差测量技术

1. 现浇混凝土墙体或柱体截面尺寸

1）指标说明

反应层高范围内混凝土柱的实际施工尺寸与设计图纸尺寸的偏差值。

2）评判标准

（1）小截面尺寸

①测量对象：尺寸不大于0.5m的框架梁、墙体（横截面）、柱体的截面。

②标准值：[-3，4]

（2）大截面尺寸：尺寸不小于0.5m，不大于1.5m的端墙截面尺寸（纵向）的框架柱、门窗洞口墙体、预留洞墙体。

①标准值：[-5，8]

②测量工具：5m钢卷尺

③测量方法：每一个墙、柱、墙垛、

门窗洞口墙、预留洞墙作为一个实测区，用钢卷尺测量同一面墙或柱的截面尺寸。同一墙或柱作为一个实测区，每个实测区从地面上300mm和1500mm各测量截面尺寸一次，作为实际测量值（图1）。

3）实施要点及注意事项

（1）测量结果的判定

①通过测量得到施工后所形成的测量尺寸为实际形体尺寸。

②设计图纸尺寸为基本尺寸。

③标准中的上偏差为+8mm；下偏差为-5mm。

④若柱体截面设计尺寸为600mm×600mm，则：

最大极限尺寸为$L_{max}=L_o+E_s=600+8=608mm$；

最小极限尺寸为$L_{min}=L_o+E_i=600-5=595mm$；

尺寸公差$=L_{max}-L_{min}=E_s-E_i=608-595=+8-（-5）=13mm$。

⑤以实际测量尺寸与标准极限值进行比较，做出判定。

（2）测量工具分析

①测量工具选用5m钢卷尺，严禁使用其他材质（如塑料、布料）以避免钢卷尺本身固有的挠度及热胀冷缩带来的测量工具误差。

②测量工具应添加使用靠尺、塞尺、

90°角尺，其目的是寻找墙体或柱体的极限尺寸的位置，并非是测量墙体的平整度。

（3）测量方法分析

人为规定测量位置，仅仅测量两点，且该点并非一定是实体误差极限位置，显然是不合理的。为了提高测量效率，同时能真实反映客观实际，本文结合现场实践经验，建议采取以下测量方法。

①在测量高度范围内，应选择模板拼接位移量最大处作为测量位置，若使用高大型整体模板，应选择模板高度的上、下两个截面位置处。

②如使用N块模板，查看墙体或柱体的结构模板拼接状况，在不同模板的交界处采用靠尺贴紧柱体一面，使用塞尺找准实体最低点及最高点，这样可以减少测量次数，提高测量效率（靠尺、塞尺的作用）。

③90°角尺的作用是用来限定钢卷尺的测量方向，用于保证所测数值为柱体的横截面尺寸，减少测量误差。

（4）综合测量精度的保证

为了避免人为测量因素、测量工具误差等，确保建筑实体质量，在实际操作过程中，应合理压缩设计给定公差带。本例上、下偏差各压缩2mm作为内控指标，见图2。

最终实际实体测量结果应控制范围：

最大形体尺寸为$L_{max}=L_o+E_s=600+6=606mm$；

最小形体尺寸为$L_{min}=L_o+E_i=600+（-3）=597mm$。

2. 现浇混凝土墙体洞口尺寸的测量

指标说明：反映现浇混凝土墙体洞口施工尺寸与设计图纸尺寸的误差值。

1）评判标准：[-5，20]。

2）测量工具：钢卷尺或激光测距仪。

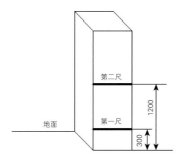

图1 墙体、柱体截面尺寸测量位置示意图

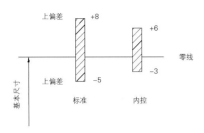

图2 公差带压缩前后对比

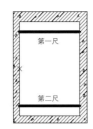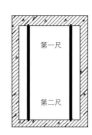

图3 门窗洞口测量示意图

3）测量方法：同一外门或窗洞口作为一个实测区，以墙体的对边为一组，各测2尺，为洞口的宽度和高度的净尺寸，取高度或宽度的2个实测值与标准值进行比较，作为实测值（图3）。

4）实施要点及注意事项

此种测量方法缺少洞口的定位、方正度测量。定位尺寸是用来控制窗口横向位置位移从而保证建筑物整体窗口在纵向的一致性，方正度的测量是保证后期门窗安装工艺要求。偏差的设计位置不妥：没有综合考虑与后期门窗构件之间的公差与配合关系，给出了负向偏差，使用了单一形体无配合关系的设计原则，使得配合窗的基本尺寸难以确定，同时也不利于后期窗的标准化工作，显然是不妥的。

举例：根据《建筑设计防火规范》GB 50016—2014（2018年版），建筑防排烟设计及建筑门窗设计规范等，房间采用C1521窗型，其洞口设计基本尺寸为宽1500mm，高2100mm。其下偏差应设计为0，其公差带仍延续使用原有国标数值25mm，不增加施工成本和难度，计算得出上偏差为+25mm。这样在后期的窗设计中便可与洞口的基本尺寸保持一致，窗的设计上偏差应为0，其下偏差为负向值。符合公差与配合的测量技术原理，洞口尺寸应为正向偏差，使得建筑洞口的实际施工尺寸始终大于其基本尺寸，窗口尺寸为负向

偏差，窗的实际加工尺寸始终小于基本尺寸，从而保证二者之间存在着配合间隙。结合门窗安装工艺技术的要求，在窗与洞口之间的留有20~30mm的拉片及做发泡密封处理后，再进行基本尺寸的调整。

（1）测量结果的判定

施工后所形成实际形体尺寸在标准极限尺寸范围内作为合格判定标准。待国标修订前，应综合考虑门窗洞口的方正度，定位尺寸测量，修订门窗基本尺寸及制造公差，用于保证相互之间的配合关系，确保整体安装效果。

（2）测量工具误差分析

在测量门窗洞口的内边尺寸时，由于是非形体尺寸，应使用激光测距仪。钢卷尺在洞口内部无法拉直，存在挠度，在读数时造成过大的测量误差。测量实体尺寸时，可采用钢卷尺。

（3）测量方法误差分析

①补充洞口的方正度测量项目，用于保证洞口的形状误差。可使用90°角尺或本文推荐的方正放线法，使用90°角尺时，其双边长度应不小于洞口边长尺寸的1/2。

②增加门窗洞口的位置度尺寸的测量，用于保证竖向窗口之间的一致性。高层建筑应使用经纬仪、全站仪或激光准直仪等设置窗安装的定位基准。

③合理压缩设计给定的公差带作为内控指标。

（4）方正放线测量法介绍

此测量方法使用尺寸测量技术方法，应用勾股定理，取代了传统的形状误差的测量方法，测量步骤如下：

①选带有洞口的墙体作为1个测量区。

②取洞口的被测角，分别沿着被测角的顶点测量洞口相邻的两个边长1/2~1/3处，取整数作为测量点，做好标记点。

③测量2个标记点之间的距离，与勾股定理计算标准理论进行比较。

④此测量过程采用钢卷尺。

⑤该方法可以进一步推广至测量房间平面的方正度。

⑥当洞口尺寸较小时，可采用钢卷尺分别测量洞口的2个对角线的尺寸进行比较，作为方正度的评价测量值。

3. 现浇混凝土楼板厚度尺寸的测量

1）指标说明：反应楼板厚度施工尺寸与设计图纸的偏差

2）评判标准：[-5，8]

3）测量工具：钢卷尺（破损法）、超声波楼板测厚仪（非破损）

4）测量方法：

（1）破损法

同一个跨板内为一个实测区，取点位置为短边中间，长边的1/3处。打孔，使用钢卷尺测量，见图4。

此种测量方法需要至少两人配合完成，一人在楼板打孔处下方设置托板，另一人将钢卷尺对准托板，读取楼板厚度值，由于钢卷尺存在挠度及测量视值误差，此测量方法误差较大。

（2）非破损法

此操作需要至少两人配合完成，两人各手持发射探头和接受探头，分别在楼板上下两个楼层，一人持发射探头在

所测楼板的下一个楼层，一人拿着接收探头（与仪器相连）在楼板所在楼层，两人通过对讲机联系，调节发射探头与接收探头放置在楼板上下的对应位置，通过查看检测仪器感应信号强度，信号越强，表示上下发射探头与接收探头对应越准，读数越小。检测仪上显示的数据为该点楼板厚度（自动记录最小值），见图5。

一个楼板测量5个点，取最小值作为判定值，见图6。

5）实施要点及注意事项

（1）测量结果的判定

施工后所形成实际形体尺寸在标准极限尺寸范围内作为合格判定标准。

（2）测量工具误差分析

为了减少破损法测量误差及配合人员，本文推荐使用楼板测厚卡尺法。

（3）测量方法误差分析

①破损法测量选点的原则应以楼板的顶面模板中心附近作为测量位置，这样更能接近真实尺寸。

②测量时，应尽量使用现有的预留预埋孔洞随机检测，减少人为开洞。

③非破损法的5点测量原则应参照破损法测量的选点原则，取自楼板顶面模板中心面附近为最佳。

（4）楼板测厚卡尺法介绍

应使用带有刻度的直角尺，靠尺可在刻度尺进行滑动，其原理同游标卡尺。测量时，将带有刻度的测量角尺插入楼板通孔内，将测量角尺、靠尺与楼板上下两个边相接，然后取出楼板测厚卡尺进行读数。此方法测量过程仅需一人

操作，同时消除了管卷尺的挠度误差及测量人员的视值误差，操作极为简便，见图7。

## 结语

为了保证建筑主体结构施工质量，设计单位应严格执行国家有关标准，施工应严格按照已批准的设计文件进行，并应符合相应的标准技术规范及施工图集，强制性条文必须严格执行。建立由监理方全过程质量控制体系，通过整体把控和精细的设计，制定出完善的实测实量方案，验收过程严格按照规定的检查数量和项目进行测量检查。充分做好事前、事中和事后三阶段的质量管理控制监管工作，才能使建筑整体结构更加安全可靠，确保工程质量达到预期指标。

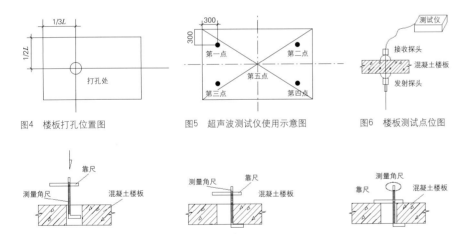

图4　楼板打孔位置图　　　　图5　超声波测试仪使用示意图　　　　图6　楼板测试点位图

图7　楼板测厚卡尺测量过程示意图

参考文献

[1] 混凝土结构设计规范 2015 年版：GB 50010—2010[S]. 北京：中国建筑工业出版社，2011.

[2] 混凝土结构工程施工质量验收规范：GB 50204—2015[S]. 北京：中国建筑工业出版社，2015.

[3] 混凝土结构工程施工规范：GB 50666—2011[S]. 北京：中国建筑工业出版社，2012.

[4] 张莹，张新伟. 超低能耗建筑（被动房）门窗安装技术及监理实施要点研究[J]. 门窗，2018（7）：10-12.

# 关于某滑坡地质灾害治理工程高悬臂抗滑桩成孔、模板及脚手架工程的探讨

王林

云南地矿建设监理咨询有限公司

**摘　要：** 高悬臂抗滑桩作为滑坡地质灾害治理措施之一，安全侧重点在于成孔工程、模板及脚手架工程。为切实保证工程安全，根据施工图设计文件要求，结合工程质量和安全验收规范，对高悬臂抗滑桩施工工艺、脚手架工程、模板工程等工程进行详细阐述。根据参数资料，最后确定抗滑桩工程施工工艺、脚手架搭设方式和模板工程架设方案，并对安全保障措施提出合理化、科学化建议，为高悬臂抗滑桩工程施工阶段施工和监理提供依据。

**关键词：** 滑坡治理；高悬臂抗滑桩；成孔、模板及脚手架工程；探讨

## 一、工程概况

抗滑桩工程位于滑坡体前缘，处于沟谷地带。施工图设计文件拟采用挡土板与抗滑桩结合的治理措施，回淤上游沟道，稳定岸坡。抗滑桩工程设计护壁混凝土强度C20，桩身混凝土强度C25。矩形抗滑桩共11根（A型2根、B型2根、C型3根、D型4根），桩心距6.0m，桩身截面2.0m×3.0m（7根）、1.25m×1.5m（4根），护壁采用C20混凝土浇筑，厚0.20m。单桩总长10~29m。单桩悬臂段长度3.2~15m，悬臂段总长116m。桩间采用挡土板拦挡反压土体。

## 二、工程特点

该工程为滑坡地质灾害治理工程，滑坡治理的主要工作内容为钢筋混凝土结构的抗滑桩工程，其中高悬臂抗滑桩为该工程安全控制重点之一。具备地质工程、水文工程、建筑工程等内容，涉及专业面相对较广，知识综合性强。

## 三、工程难点及关键点分析

该工程难点是深度极大的人工开挖抗滑桩、高悬臂抗滑桩模板和脚手架工程。其中人工成孔较深，悬臂段高达15m。在建设工程领域，人工挖孔桩属超过一定规模的危险性较大的分部分项工程。加之地形地貌、滑坡体尚不稳定等因素。因此在施工过程中，成孔分项工程、脚手架分项工程、模板分项工程存在极大的安全风险。

## 四、探讨目的、任务及依据的技术标准

（一）探讨目的

规范抗滑桩成孔、模板和脚手架分项工程，确保高悬臂抗滑桩施工安全。

（二）探讨主要任务

1. 模板工程搭设要求。

2. 脚手架工程架设及支撑体系。

（三）探讨依据的规范和技术标准

1.《危险性较大的分部分项工程安全管理办法》（建质〔2009〕87号）。

2.某省地质灾害治理工程管理办法。

3.《建筑施工扣件式钢管脚手架安全技术规范》JGJ 130—2011。

4.《建筑工程施工质量验收统一标准》GB 50300—2013。

5.《建筑施工模板安全技术规范》JGJ 162—2008。

6.《混凝土结构工程施工质量验收规范》GB 50204—2015。

## 五、施工工艺技术

### （一）工艺流程

根据该工程特点，结合施工规范，抗滑桩工程施工阶段总流程为：成立施工项目经理部和现场监理部，施工单位和监理单位管理人员按合同约定入驻施工现场→开工前期资料的报验及审核（包括材料、机械进场）→原始地形测量→"三通一平"工作→桩位定位放线→抗滑桩成孔工程→抗滑桩钢筋工程→抗滑桩模板工程→抗滑桩混凝土工程→后期养护及检测。混凝土模板支撑工程施工工艺流程为：施工准备→工作平台搭设→悬臂段桩身钢筋制安及悬臂段桩身混凝土模板制安支撑→桩身混凝土浇筑施工和过程控制→拆模、拆除工作平台。

### （二）施工准备

1.人、材、机准备及验收标准

抗滑桩工程施工前，应按"施工图设计文件"和"施工组织设计（方案）"要求，配备足够的人、材、机。依据总进度计划、阶段性进度计划，推进各阶段施工进度。

1）人员配备

施工单位应入驻现场管理员：项目经理、项目技术负责、安全员、质量员、材料员、测量员、资料员、施工员。监理单位应入驻现场监理人员：总监理工程师或总监理工程师代表、专业监理工程师、监理员。

2）材料准备

（1）抗滑桩工程施工前，应进场质量主材为砂、碎石、水泥。严格履行进场报验和见证取样送检程序。取样要求（含中间产品）：①砂、碎石料中砂的同产地同规格分批验收，应以400m³或600t为一验收批，砂每个试样重量约为30kg，碎石每个式样重量约为50kg，并注明生产厂家，种类；②石料（MU30/MU60）中石的同产地同规格分批验收，应以50mm×50mm×50mm的6个立方体试件为一组样，并注明生产厂家，种类；③水泥按同一生产厂家、同一等级、同一品种、同一批号且连续进场的水泥，袋装不超过200t为一批，散装不超过500t为一批，每批抽样不少于一次，取10kg试样；④混凝土试块取样要求三块一组，规格为150mm×150mm×150mm的立方体试件，每100m³混凝土为一个验收批，要求每验收批取样不得少于一组；⑤钢筋取样要求以同一牌号、同一炉罐号、同一规格、同一交货状态，不超过60t为一批，每验收批任选2根钢筋（拉伸检验、冷弯检验），接头的现场检验按验收批进行，同一施工条件下采用同一批材料的同等级、同型号、同规格接头，以500个为一个验收批进行检验与验收，不足500个也作为一个验收批，对接头的每一验收批，必须在工程结构中随机截取3个试件做单向拉伸试验。

（2）应进场的安全主材为脚手架、扣件、钢模板、对拉螺杆及螺栓、槽钢、缆风钢绳等。进场后进行1%比例的自检复检，对不合格的（如脚手架规格不是国标 Φ48.3mm×3.6mm，单根长6m重量大于25.8kg；扣件螺栓及模板对拉螺栓拧紧扭力矩小于65N·m发生破坏；钢模板、槽钢厚度及力学性能不达标；缆风钢绳有"毛刺"等）一律不得进场使用。

2.脚手架搭设要求

桩孔成孔工程结束后，开始对工作平台搭设区域及周边进行场地平整，搭设区域主要是对区域内弃土、松散堆积体、表面建筑垃圾等进行针对性清理，对工作平台立杆基础进行硬化工作。由于地质灾害防治工程受场地地形限制，立杆底部若为松软地层，如粉质黏土夹碎石、粉质黏土等，建议先将立杆基础部位进行换填、分层夯实，然后再进行硬化处理。严禁立杆基础直接置于抗滑桩锁口位置。高悬臂抗滑桩脚手架工程要求：

1）悬臂段脚手架宜采用满堂扣件式钢管支撑架，即在纵、横方向，由不少于3排立杆并与水平杆、水平剪刀撑、竖向剪刀撑、扣件等构成的脚手架。该架体可将施工荷载通过可调托轴心传力给立杆，顶部立杆呈轴心受压状态。

2）在进行架体参数计算和论证过程，应充分考虑脚手架的永久荷载（恒荷载）与可变荷载（活荷载）。

3）若满堂脚手架立杆间距不大于1.5m×1.5m，架体四周及中间与建筑的结构进行刚性连接，并且刚性连接点的水平间距不大于4.5m，竖向间距不大于3.6m时（脚手架步距、立杆间距等必须缜密计算）。

4）纵向水平杆的构造应符合下列规定：纵向水平杆应设置在立杆内侧，单根杆长度不应小于3跨；纵向水平杆接长应采用对接扣件连接或搭接。并应符合下列规定：两根相邻纵向水平杆的接头不应设置在同步或同跨内；不同步或不同

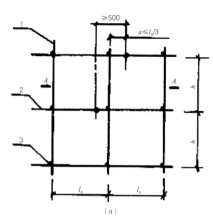

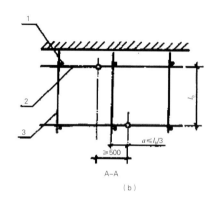

纵向水平杆对接接头布置

跨两个相邻接头在水平方向错开的距离不应小于500mm；各接头中心至最近主节点的距离不应大于纵距的1/3；搭接长度不应小于1m，应等间距设置3个旋转扣件固定，端部扣件盖板边缘至搭接纵向水平杆杆端的距离不应小于100mm。

5）每根立杆底部应设置底座或垫板。

6）脚手架必须设置纵、横向扫地杆。纵向扫地杆应采用直角扣件固定在距底座上皮不大于200mm处的立杆上。横向扫地杆应采用直角扣件固定在紧靠纵向扫地杆下方的立杆上。

7）脚手架立杆基础不在同一高度上时，必须将高处的纵向扫地杆向低处延长2跨与立杆固定，高低差不应大于1m。靠边坡上方的立杆轴线到边坡的距离不应小于500mm。

8）脚手架立杆对接、搭接应符合下列规定：

（1）当立杆采用对接接长时，立杆的对接扣件应交错布置，2根相邻立杆的接头不应设置在同步内，同步内隔1根立杆的2个相隔接头在高度方向错开的距离不宜小于500mm；各接头中心至主节点的距离不宜大于步距的1/3。

（2）当立杆采用搭接接长时，搭接长度不应小于1m，并应采用不少于2个旋转和扣件固定。端部扣件盖板的边缘至杆端距离不应小于100mm。

（3）连墙件设置：脚手架搭设过

程，应以已竣工抗滑桩为基础，将内部立杆直接固定于抗滑桩悬臂段。

（4）剪刀撑和横向斜撑设置要求：每道剪刀撑跨越立杆的根数宜按规定确定；每道剪刀撑宽度不应小于4跨，且不应小于6m，斜杆与地面的倾角宜在45°～60°之间；剪刀撑斜杆应用旋转扣件固定在与之相交的横向水平杆的伸出端或立杆上，旋转扣件中心线至主节点的距离不宜大于150mm；剪刀撑和横向斜撑均应连续设置。

搭设完成后应在外围设置密目网，并在显要位置设置安全警示标志。工作平台下段宜设置防坠网，建议间隔3m设置1道。在搭设过程中，架子上操作人员必须正确佩戴安全绳，并服从下方专职安全巡视人员的指挥，出现架子倾斜等险情立即逃生，方向为倾斜反向一侧。若施工进入雨期，避免雷电影响，故应架体顶部设置防雷设施。由于地质灾害治理工程地形条件限制，建议架体搭设完成后根据规范要求设置缆风钢绳。搭设过程中如遇暴雨、强风等特殊天气则立即停工。

脚手架搭设完毕后，施工项目经理部安全员应组织人员自检。自检合格后，报监理部验收。

（三）高悬臂段桩身钢筋制安工程和桩身混凝土模板工程

1.桩身钢筋制安工程

在脚手架搭设完成后，即开始抗滑桩悬臂段桩身钢筋制安和模板制安支撑工作。抗滑桩桩身主筋为Φ28mm、Φ32mmHRB400钢筋，连接方式建议采用机械连接（钢筋直螺纹套筒连接），接头数量、接头率严格执行《混凝土结构工程施工质量验收规范》（GB 50204—2015）。根据抗滑桩工程特点，

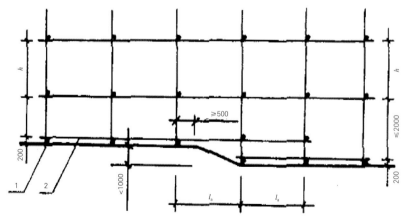

纵、横向扫地杆构造

建议钢筋分段安装，安装完一段即开始安装该段模板。

抗滑桩工程主要作用为稳坡、抗滑，受力类型主要是剪力。因此抗滑桩钢筋（主筋）连接接头必须错开坡体滑动带、悬臂段与入岩段分界面等受力薄弱位置。

2. 桩身混凝土模板工程

1）模板材料的选用

考虑混凝土自重、施工外力等因素影响，建议选用定制1.5m×1.0m厚4mm的钢模板。使用时根据桩身尺寸（2.0m×3.0m）进行拼装，模板与模板之间的连接采用"U"型卡和螺栓固定连接，每道连接间距15cm，螺杆尺寸为Φ18mm圆形螺杆。

2）模板制安及支撑体系

（1）模板安装自下而上进行，首先进行放线，确定模板准确位置，然后模板底部与锁口连接处使用钢筋插入锁口护壁中对模板方向进行固定，每根抗滑桩长边（3m）布置5根Φ32mm钢筋，短边（2m）布置3根Φ32mm钢筋，钢筋每根钢筋长度3m，插入锁口护壁1.5m，外露固定段1.5m，在模板方向固定校准后开始向上进行模板安装。

（2）每安装一层模板即对单层模板进行支撑和加固，模板的支撑加固宜采用对穿螺栓连接。对穿螺杆尺寸选用Φ18mm圆形螺杆，并在对穿螺栓外侧设置横向槽钢（间距30cm设置1道）。为提高支撑加固的整体性，模板上预留对穿螺栓接口孔位横纵间距均为50cm，抗滑桩长边（3m）和短边（2m）孔位高低错开25cm，保证对拉力的均匀性。每安装1层进行1次模板连接检查，模板内侧连接点必须在同一轴线上，模板连接螺栓拧紧力控制在50~60N·m，每安装3层模板进行1

次水平轴线校准和模板垂直校准，避免出现模板错位发生受力不均匀导致垮塌的可能性。整个模板和支撑体系不得与脚手架相连。

（3）当模板安装至倒数第二层时，在模板四角设置缆风钢绳，对顶部模板进行位置加固，缆风绳固定位置为钢模板四角外侧锚固墩，与钢模板成45°角。锚固墩必须采用混凝土浇筑，保证墩基坚实、牢固，具有一定的抗拔力。

3. 桩身混凝土浇筑及过程控制

1）桩身混凝土浇筑方法

（1）模板工程安装完毕，所有固定装置全部设置牢固后，经施工单位项目经理部自检合格后报监理验收。验收合格后，即进行桩身混凝土浇筑。

（2）浇筑桩身混凝土前，再次检查准备情况，如砂石、水泥材料储备情况；装载机、搅拌机等机械设备的试运转情况；施工用电线路的安全情况；施工中出现停水停电的应急设置配置情况（如发电机的配备和试运行、浇筑用水的单独储备、应急灯的配备等）。

（3）浇筑桩身混凝土前，首先安装串筒至距离孔底2m的位置。在浇桩过程中，建议每0.5m进行一次桩身混凝土人工振捣，每2次振捣（1m）拆除1节串筒。浇筑至锁口位置时，开始采取分段连续浇筑的方式。为保证桩身完整性，浇筑下一段混凝土时，应在上一段混凝土初凝前进行。

2）混凝土施工过程安全控制要点

（1）桩井内作业人员必须系好安全带。振捣过程，不得输送混凝土。

（2）浇筑过程中，根据《建筑施工模板安全技术规范》JGJ 162—2008要求严格控制组合钢模板及构配件的容许变形值。若变形值超过规范允许范围，

则立即停止施工，撤离周边所有人员，继续对模板变形值进行加密监测。

（3）专职安全员必须跟班检查。

4. 模板拆除工程及脚手架拆除工程

1）模板拆除工程

（1）桩身混凝土浇筑工作完成48h后，待桩身混凝土强度达到设计强度（C25）的25%，开始模板拆除工作。

（2）模板拆除工作按照自上而下的顺序进行，在拆除前应检查所使用的工具有效和可靠，扳手等工具必须装入工具袋或系挂在拆除人员的身上；模板拆除设置专人指挥，在拆除作业区域设置围栏，其内不得有任何人员进入作业。该工作应设拆除指挥员负责监护。拆除的模板、螺栓等配件严禁抛掷。

（3）模板拆除时按照顺时针方向进行，一块一块进行拆除，拆除的模板不得放置在脚手架上，必须拆一块放一块，放好一块再开始拆除下一块。

（4）拆除的模板应统一整齐堆放在"施工组织设计（方案）"规定的位置。

（5）在拆除作业过程中，如遇大风、强降雨等则应暂停作业。

2）脚手架拆除工程

（1）脚手架拆除工程应在模板工程结束后规范拆除。

（2）拆除作业按自上而下的顺序进行，在拆除前应检查所使用的工具有效和可靠，扳手等工具必须装入工具袋或系挂在拆除人员的身上；拆除作业时，设置专人指挥，在拆除作业区域设置围栏，其内不得有任何人员进入作业。该工作应设拆除指挥员负责监护。所拆除扣件严禁抛掷。

（3）拆除的钢管及扣件应统一整齐堆放在"施工组织设计（方案）"规定的位置。

（4）在拆除作业过程中，如遇大风、强降雨等则应暂停作业。

## 六、安全保障措施

### （一）组织措施

施工单位必须明确组织机构设置的原则，建立健全组织机构管理体系。调整项目组织结构、任务分工、管理职能分工、工作流程组织和项目管理班子人员等。明确项目安全管理组织人员职责。

### （二）管理措施

施工单位项目经理部必须认真分析高悬臂抗滑桩存在的安全隐患，并有针对性地采取措施（如施工作业人员的思想教育、施工工艺的调整和改变施工管理方式方法）确保施工安全。认真履行安全检查"三结合"（即领导和群众相结合、自查和互查相结合、检查和整改）原则，达到施工合同约定的"零"事故目标。

### （三）经济措施

为保证工程的顺利推进，施工单位应按照施工合同约定，保证工程资金的合理使用。将工程资金用于人工费、材料费、机械费等，建立清晰明了的工程资金流量表。

### （四）技术措施

1. 安全生产

1）有针对性地编制"安全生产专项施工方案"，针对可能出现的安全隐患做出预案，并组织专家论证。

2）施工方进场后，必须尽快建立边坡变形监测系统，全面做好施工阶段的边坡变形监测，并根据监测资料制订相应的安全施工措施。

3）在施工过程中，针对各类安全隐患，建议采取下列措施，确保施工安全：

（1）严格按照施工图设计文件，认真做好护壁，要求护壁纵向钢筋采用焊接；在滑动带区域及不良地层区域会同设计单位考虑护壁的加强措施。

（2）设置人员上下安全设施（如爬梯），并采用安全可行的安全带操作方案。

（3）制订相关预案，现场配置通风、抢救等设施，以防有毒、有害气体对施工人员造成伤害。

（4）提升机械、孔内照明等，所有用电终端必须设置漏电保护装置，电缆线必须架空、绝缘 [ 注：井底照明必须用低压电源（36V、100W）、防水带罩的安全灯具 ]。

（5）挖出的土石方应及时运离孔口，不得堆放在孔口四周1m范围内，机动车辆的通行不得对井壁的安全造成影响。

（6）夜间休息做好防护工作及区域隔离，桩口有效覆盖。设红灯警示，必要时专人值守。

2. 以保证质量为基础，确保施工安全

1）桩孔开挖垂直度：由于孔较深，若每模均出现超出规范允许偏差范围，达到设计深度时可能形成较大的垂直偏差，甚至出现护壁坍塌或扭桩。因此，要求每一模支模后必须进行吊线检测。抗滑桩桩孔开挖过程中，要求施工方必须做好地质编录，准确确定滑动带位置。如其位置与勘察设计文件有较大出入，要及时与设计方联系，必要时进行设计调整，以确保工程的有效性。

2）钢筋加工和安装：由于主筋很长且直径大、连接点多，为保证钢筋连接质量，建议采用机械连接，钢筋接头必须错开滑动带。接头数、接头百分率严格执行《混凝土结构工程施工质量验收规范》GB 50204—2015、《钢筋焊接及验收规程》JGJ 18—2012。侧壁主筋必须与箍筋扎牢，建议四个角设置斜筋，以固定主筋框架。内部主筋，建议采取对拉筋措施，密切与侧壁钢筋连接成一个整体，以防止混凝土施工过程中因混凝土自重和晃动导致的钢筋骨架坍塌。

3）混凝土浇筑：由于桩身长，浇筑量大，且需连续浇筑，为保证桩身混凝土质量，以防混凝土离析，应采取串筒下料。串筒距混凝土面距离较小为宜。

## 结语

1. 高悬臂抗滑桩成孔施工过程，必须按施工图设计文件做好护壁工程。认真做好地质编录，客观确定滑动带位置。

2. 为保证施工安全，悬臂段宜搭设满堂脚手架作为施工操作平台。

3. 为防止悬臂段混凝土施工过程爆模，宜采用钢模配套对拉螺杆使用。

参考文献

[1] 中华人民共和国建设部，《危险性较大的分部分项工程安全管理办法》（建质〔2009〕87号）
[2] 建筑施工扣件式钢管脚手架安全技术规范：JGJ 130—2011[S]. 北京：中国建筑工业出版社，2011.
[3] 建筑工程施工质量验收统一标准：GB 50300—2013[S]. 北京：中国建筑工业出版社，2014.
[4] 建筑施工模板安全技术规范：JGJ 162—2008[S]. 北京：中国建筑工业出版社，2008.
[5] 建筑桩基技术规范：JGJ 94—2008[S]. 北京：中国建筑工业出版社，2008.
[6] 建筑施工高处作业安全技术规范：JGJ 80—2016[S]. 北京：中国建筑工业出版社，2016.
[7] 建筑施工临时支撑结构技术规范：JGJ 300—2013[S]. 北京：中国建筑工业出版社，2014.
[8] 混凝土结构工程施工质量验收规范：GB 50204—2015[S]. 北京：中国建筑工业出版社，2015.
[9] 钢筋焊接及验收规程：JGJ 18—2012[S]. 北京：中国建筑工业出版社，2012.

# 医院建设项目监理工作要点及注意事项

石建兵

运城市金苑工程监理有限公司

医院建设项目使用功能的特殊性、建筑结构的复杂性和建设过程中的多变性，都是监理项目部应该攻克的难题与应对的监理要点。

## 一、重视做好施工前期监理工作

（一）熟悉掌握项目特点

在主体施工前期特别注意与建设单位之间的沟通，掌握设计单位、施工单位是几家，是否能做到无缝对接，特别是一些特殊的科室，比如手术室、供应室、重症监护室与设备机房的对接；净化检验室与主体功能之间的对接；高、低压配电与各个设备之间的对接等。一定要明确医院的功能需求，满足使用便捷、管理方便、维护简单、功能齐全等特点，勤与业主沟通，更深层次地了解工程建设的全面特点。

（二）注重图纸会审，重点做好设计交底和解决设计缺陷

医院建筑是复杂综合性系统工程，图纸会审作为施工前期无缝对接的重要环节，要求各个参建单位都要认真熟悉图纸，主体设计图纸上不能全面地反映出所有工程的预留洞口及线管预埋等工作，会给后期某些专业性强的专业承包单位造成无法施工或者施工困难的现象。所以监理人要建议建设单位将各个承包施工单位及专业承包全部召集在一起，针对设计可能存在的问题在图纸会审时及时提出。

依据医院的功能要求，重点应放在：

1. 手术室：是否充分考虑了合理的手术流程、感染区的控制、先进的设备与支持空间的配合；各个设备电源位置预留洞口是否能满足使用需求；手术室或者机房上方是否是有水房间，如是有水房间是否满足防水要求；给排水管道的预留及安装位置是否合理。

2. 监护病房：是否充分考虑了护理的位置和流程、床边充分的抢救空间及抢救设备电源位置的合理性。

3. 放射诊断科：是否充分考虑了机房的屏蔽防护与设备空间要求，病人与工作的分流、操作人员合理空间与大型设备的搬迁与更换，及电源电线的预埋位置情况。

4. 检验科：是否充分考虑了开放宽敞的试验环境，充分的设备支持空间及实验设备的安全，及强弱电之间电线管道的预埋。

5. 在规划设计上，是否做到功能清晰、分区合理、便捷高效，人流、物流流程尽可能短捷，并且达到洁污分流。

6. 医疗设备较集中的建筑单体上，是否充分考虑了各种医疗设备的安装条件和特殊要求，包括平面置的面积要求、层高要求、设备的运输要求，以及通风空调、强弱电、给排水、消防等系统的特殊要求。

7. 医院是用电大户，各专业设计是否根据医院的特点充分考虑了"建筑节能"的要求。因此，图纸会审应该认真组织，并实行严格的会审制度，以尽可能地减少图纸上存在的错、漏、碰、缺等问题，防止图纸会审流于形式，造成变更、返工，影响工程进度与质量。另外，为使图纸设计问题能及时解决和图纸细化的需要，在施工实施阶段要及时与设计单位进行沟通。

## 二、重要部位与关键工序监理的工作要点及注意事项

（一）净化系统

作为医院当中使用要求较高的部门，净化工程主要有手术室、中心供应室及重症监护室、检验室，对于空调净化要求极高，要求在 100 级和 1000 级范围以内。对净化空调风管的施工，强调密封性能好，内壁应保持洁净。要求施工单位在网管制作以后对风管口缝隙处加一道锡焊。风管内壁必须清洗干净，用干净白布擦干，两头用薄膜或者干净的材料封闭严实。消声器、防火阀、静压箱等设备进入现场以后必须用压缩空气吹扫才能进行安装。另外，为了确保高标准的使用要求应从空调设备的选型、布置、运输、安装、调试，以及送风管道的制作

与安装，全过程加以规范化的监控，使之每一个环节都能保证空调的相关要求，以工序质量保证整个系统的最终质量以及确保满足高标准的使用要求。

（二）医用气体管道

在医院净化室、高压氧舱及病房中，医用气体非常重要，气体管道施工是工作中一个重要环节，在施工过程中麻痹大意将危及病人的生命，不可等闲视之。因此，我们应熟悉施工流程，对管道的材质、安装程序、洁净清洗以及试压等进行全过程严格监控。比如，检查铜管是否脱脂处理，以防静电腐蚀。对每个气体终端要检查，查对气体管道之间是否混接，检查气体终端是否接在其相应的气体管道上，做到对接正确，保证绝对安全。

另外，如果设计使用液氧罐转换氧气，其与人群及建筑物之间的安全距离及防护措施都应该考虑在内。

医院呼叫系统及病房门口上的报警装置，其管线需要与护士站屏幕、总机的管道连通。

治疗带安装前要确认好病床位置做到每张病床上有窗前灯、控制开关插座及医用气体接口。

（三）弱电智能系统工程监理工作要点

弱电施工需要配备经验丰富的人员，做好旁站监控工作智能建筑，是智能型计算机技术、通信技术、信息技术与建筑艺术的有机结合，具有节能、高效、安全、舒适、便利和灵活的特点，智能系统由于信号线、控制线较多，各种管线布置错综复杂，加上施工检测手段与其他安装工程有不同之处，因此需要配备经验丰富的监管人员进行监控。特别是一些软件的制作，存在时间周期较长，程序编写较为烦琐的，需要各施工单位提前沟通制作。

（四）装修质量

工程装修作为最后一道门面工程，能很直观地体现出工程外观情况，正所谓"工程质量好不好看看装修门面就知道"，所以应该引起重视。在医院装修应特别关注原材料是否环保，是否防霉防菌，且要根据不同科室（护士站、导医台、收费窗口、放射科、牙科、透视室以及特殊病房等）的功能需求有不同的装修要求，对此要根据不同科室的装修要求，采取样板引路的做法按照经各方认可的符合质量标准的样板去实施，严格工艺过程控制，从工序质量细节上针对难点做好相应的监控工作。

（五）窗帘隔帘及输液轨道施工

窗帘隔帘作为一个隔断隐私的重要屏障，在施工吊顶前期要做好滑道固定措施，且要合理安排好位置，隔帘需要包裹住病床并预留够护士检查空间。布帘选用密实且让人感到温馨的材料。

输液天轨安装也要在吊顶之前安装，吊杆不能直接安装在吊顶材料上，因使用频率高容易损坏。

隔帘和输液天轨在施工前期一定要和土建安装做好对接，千万不能钻到预埋管线上，并与医院及时沟通病床的具体尺寸位置。

（六）室外排水管道及污水处理设施的建设

在总体规划上要特别注意与市政管网的对接位置标高，切不可将主体工程±0.000定得偏低而导致排水坡度过小，或者不能与市政管网有效对接。

## 三、重点做好贯穿施工过程组织协调工作

医院建筑涉及专业较多、技术要求高，参建单位较多，但技术水平参差不一，仅靠施工单位自觉性，无法解决所面临的问题，因此施工期间必须发挥好监理的协调管理工作。例如，如何在吊顶内使众多管线敷设到位，且不产生过大的干扰，是摆在监理工程师及参建各方之间十分突出的问题。为此，组成强有力的协调工作机制，协调经验丰富的专业人员，积极做好业主、设计及施工单位等各方的协调工作，为各方营造良好的合作氛围，确保项目管理工作优质快捷显得极为重要。

在监理过程中需要积极协调解决土建和各专业安装单位之间的关系。有时各专业可能同时在同一工作面上施工，如在吊顶施工前，要协调装修施工单位综合考虑灯具，空调送风、回风口，消防的喷淋、烟温感，播音喇叭等设备的安装位置。在墙面布置上要注重同一墙面的相同位置有电视插座、电话插座、网络插座等，若一家施工单位管线布置不合理，将影响另几家施工单位施工。所以要求总包单位提前向各个专业班组布置任务，提前完成各专业线管布置平面图，特别是公共走廊及管线复杂的部位，吊顶前都要绘制各管线的平、剖面图，并标注各个管线的位置、高程。由总包单位汇总成综合管线施工图交项目监理部、建设单位和设计人员审核后，各专业工程以该图为准进行施工，专业监理工程师对现场进行跟踪，及时发现问题，并在现场积极地协调解决。

医院建设项目功能复杂，工程项目多，专业化较强，工序交叉施工配合难度大，稍有不慎就会给工期、质量带来隐患。因此，要求监理必须有一支过硬的队伍——专业知识到位，组织协调能力强，整体素质高，诚信服务到位，这样才能满足医院建设项目的要求，为建造合格的建设项目提供优质服务。

# 运用项目管理新理念，助力数据中心新基建
## ——中国电信创新孵化（南方）基地项目监理经验分享

黄绪刚　张鹏

公诚管理咨询有限公司

摘　要：数据中心作为推动数字经济发展的算力基础设施和重要支撑，承担着数据存储、流通的关键职能，是新基建中的关键一环。中国电信创新孵化（南方）基地项目作为电信集团重点项目，具有重要战略意义。公诚管理咨询有限公司积极开拓创新，采取了积极有效的管控措施，实现项目筹备精细化、管理手段信息化、质量提升显性化、工程进度最优化、投资价值最大化、安全管控常态化、风险控制最低化的目标，保障了项目的高效实施。

## 一、项目基本情况

### （一）项目概况

中国电信创新孵化（南方）基地园区占地 200 亩，总建筑面积约 35 万 $m^2$，总投资约 57 亿元，共建设 15 栋大楼，是中国电信创新孵化体系南北两个基地之一。其中数据中心项目共计涉及二期土建项目、四期机电项目，共建设 4 栋数据中心机楼、560 个机房、17972 架机柜、提供约 18 万个服务器保障能力，总建筑面积 13.13 万 $m^2$，总投资 17.93 亿元。公司积极响应国家开展全过程工程咨询的号召，在做好监理工作的同时，服务阶段向前延伸至可研立项阶段，向后延伸到项目运维阶段，进行全过程项目管理，统筹做好项目的管控工作。

### （二）项目特点

本项目具有涉及专业多、项目时间紧、工程规模大、项目风险高等特点，给项目监理工作带来巨大挑战。

#### 1. 涉及专业多

本项目涉及大楼土建、室外工程、油罐工程、消防（水消、气消等）、通风及空调、油机、高压配电、低压配电、智能化系统、综合布线、生产能力配套等，涉及多专业交叉作业，设备材料类型多、项目管理难度大。

#### 2. 项目时间紧

针对数据中心投产要求时间紧急的要求，目前数据中心建设时间紧、任务重。本项目需按照电信集团工期要求，在 18 个月内完成项目土建、机电建设并完成投产，项目工期要求非常紧急，给项目管理带来较大挑战。

#### 3. 工程规模大

本项目总投资 17.93 亿元，总建筑面积 13.13 万 $m^2$，共计提供约 1.8 万个高功率机柜，工程规模大。本项目对监理单位的统筹、综合管理能力提出更高的要求。

#### 4. 项目风险高

数据中心项目建设涉及大量高危作业。如基坑开挖、高处作业、吊装作业、高压施工、动火作业、涉电作业等多项高危作业。如何在保证工程质量、进度、投资的前提下做到安全生产，是项目重点关注的内容。

## 二、监理管控效果

为了保障本数据中心项目的顺利实施，针对项目的特点，公司采取了积极

有效的管控措施，达到了项目管理标准化、管理手段信息化、质量提升显性化、工程进度最优化、投资价值最大化、安全管控常态化、风险控制最低化的目标，确保了项目的高效实施。监理管控效果如下所示：

（一）项目筹备精细化

1. 组建项目团队

在项目开始前，公司组织公司骨干共计 20 余人组建了项目管理团队。根据项目专业技术性强、专业多等特点，采取矩阵式架构，实行网格化管理，运用信息化管理工具实行人员动态调配。

2. 优化管理流程

为了提升建设效率，保证项目高质量交付，在项目实施前公司优化、完善了多项建设管理制度，制定了多项指引文件。管理制度涵盖从勘察设计、项目实施及项目验收等各个阶段，涉及安全、质量、造价、进度及信息化管理等项目管理各个方面。

3. 编制作业指导书

为了确保数据中心项目的顺利实施，公司特制定了室内装修装饰、配电系统、防雷与接地系统、空调系统、给水排水系统、综合布线及网络系统、监控与安全防范系统及消防系统等 8 大专业数据中心作业指导书，明确了数据中心各专业建设标准、监理管控要点等内容，并督促各监理人员在项目实施过程中按照标准规范要求开展监理工作，确保项目得到了高效管理。

（二）管理手段信息化

公司自主研发的智能项管系统（PMG）、BIM 应用平台和文档管理系统等信息化平台在南方基地项目中得到充分运用，大大提升了项目管控效果。

1. PMG 应用系统

公司自主研发的 PMG 系统，覆盖南方基地项目建设全过程，为建设方全程在线实时呈现项目进展情况，全面进行质量、安全管控情况等内容，关键工序、隐蔽工程验收记录在线归档、永久保存，并通过后台自动统计、分析，形成项目分析报表，从而达到提高项目管理效果。

2. BIM 应用平台

公司为南方基地项目量身定制了BIM 应用平台，在项目建设过程中实现自动化智能审模、3D 动态交底、工序预演、质量管理、实时云监工、智慧运维等多项功能，为项目高效的推进起到了至关重要的作业。

3. 文档管理系统

为确保工程资料的在线备份、实现实时在线查阅，公司特制定了南方基地文档管理系统，给业主单位、各设计单位、施工单位及监理单位分配不同权限的账号，要求各单位按照要求上传文档资料扫描件，实现文档资料在线备份。

（三）质量提升显性化

1. 打造标杆工程

本工程开始建设就高标准、严要求，一直以来以标杆工程的标准建设。公司制定了标杆工程管理办法，明确标杆工程质量标准，梳理优质工程评审要求，组织各单位开展培训为将南方基地项目打造成为全省标杆工程做好各项筹备工作。

2. 规范现场管理

1）对进出材料进行严格审查，除了规格型号、指标参数符合设计要求外，还需要对相应品牌进行检查，确保选用的设备材料为品牌库材料；对设备材料在工程中使用情况，持续优化品牌库，剔除不好的品牌，更换性价比高的品牌。

2）加强现场巡检，要求施工人员按照规范文件、设计文件及强制性标准要求组织施工，施工完毕后对每道工序进行严格检查。

3）对存在问题及时签发书面通知。一期机电、二期机电合计签发各类通知单、停工令等 140 余份，并及时督促施工单位进行整改、完善。

4）本项目涉及多项关键工序和隐蔽工程，切实履行监理职责，做好关键工序全程旁站、隐蔽工程验收及签证工作，工程质量得到有效管控。

5）质量问题专项治理。在机电三期项目实施前，我司对前期机电项目存在的质量问题进行了系统地梳理、归类，并对施工单位进行全面的培训，并明确在后续工程中加强对同类问题的考核力度。在三期机电项目实施过程中，相关问题得到了显著的改进。

3. 加强信息化管控

运用 BIM 平台的云监工技术，实现施工现场无死角、全天候、全存档的监控，可通过手机、电脑远程实时监控现场情况；通过云监工，进一步规范了现场管理，项目建设质量得到了有效的控制。

4. 优质工程评选

在公司的统筹管理下，在各参建单位的紧密协作下，中国电信创新孵化（南方）基地项目质量管控效果明显，获得多个奖项。先后获得国家级 2019 年度工程建设质量管理小组活动三等奖、行业级 2020 年度中国 IDC 产业设计先锋奖、省级 2020 年广东省建筑业协会科学技术成果鉴定、市级 2020 年度广州市建筑工程结构优质奖等多个奖项。2021 年 5 月，一期土建项目已顺利通过广东省建设工程优质奖、广东省土木工程詹天佑"故乡杯"奖的评审工作，评审情况良好。

（四）进度管控最优化

1. 推行标准化工期

根据长期积累的数据中心工程监理经验，公司优化了机电工程组织形式，采用流水施工作业，压缩关键路径施工时间，推行机电工程 120 天标准化工期，较传统模式工期缩短 60 天。

2. 加强各专业衔接

本数据中心项目涉及土建、机电工程实施。在项目实施前，积极优化工序衔接，工期施工由穿行改并行，以工期最优为目标的要求采取流水施工模式，缩短建设工程建设时间 120 天。

3. 设定里程碑目标

在施工准备阶段，运用 WBS 进行项目任务分解，绘制项目总体进度计划网络图，识别项目关键路径，并对项目进度影响重要的节点设置里程碑。确定项目里程碑阶段目标要求，设置为对各单位的考核阶段，保障了项目的顺利实施。

4. 高效联动，加强执行

以里程碑节点为阶段性工期目标，各单位紧密协作，确保了项目高效交付。在项目实施过程中，针对项目专业多、平行施工环节多等特点，公司特组织各参建单位成立了项目作战指挥部，实现项目集约化管理，每周召开例会，设置工期预警，各方高效联动，各里程碑节点任务均得以提前完成，受到了业主高度认可。

（五）投资价值最大化

1. 加强变更管理

定期分析工程变更、签证情况，严控成本。针对项目实施过程中发生的各类变更、签证，公司组织专业人员定期开展总结、分析，确保变更签证的合法、合规性，及时掌握变更签证金额，保证项目总体投资得到有效控制。

2. 定期分析建设投资

本项目投资大，且项目实施过程中难免涉及变更签证等影响投资的事件发生。公司在每月月报中会定期进行项目建设投资分析，与项目进度进行匹配，并运用净值分析法进行科学分析。当发生投资超支、进度滞后等情况时，及时采取有效措施，确保项目投资与进度相匹配，让业主在项目建设过程中做到心中有数。

3. 优化方案，降低投资

在项目实施过程中，公司积极关注政策动态，优化实施方案，取得了良好的效果。一期土建优化专项实施方案，降低工程投资约 580 万元。二期土建砖渣回填专项协调，降低工程投资 17.56 万元。组织重点项目复工复产专项补贴资金申报，获取专项补贴 9 万元。

4. 采用新技术，优化投资

积极响应"碳中和、碳达峰"号召，推行绿色数据中心，考虑全生命周期成本（LCC）最优化，在项目建设过程中统筹策划，工程投资得到有效控制。

1）引入水蓄冷技术，双池双供、实现电力移峰填谷，容灾蓄冷，电费节约 202 万元 / 年。

2）运用分布式光伏发电系统，A1、A2 栋光伏系统每年可提供约 16.5 万度绿色能源，节省电费 15 万元 / 年。

3）运用列间空调、微模块技术，A1 栋提升效率 16.6%，节省电费超 110 万元 / 年。

4）采用高压直流 + 市电直供，供电效率达 98%；工程投资降低 20%，约 2700 万元。

5）规模化运用智能小母线技术，提升变配电转换效率，节能降耗；节省电费 60 万元 / 年（A1 栋 12 个机房）。取消列头柜，增加出架率，增加收入约 800 万元 / 年。

6）运用 BIM 应用管理平台，优化方案、提升效率、减少投资。模型碰撞检查，解决冲突 6500 余条，节约返工成本超 300 万元。

（六）安全管理常态化

1. 安全隐患识别

针对本项目工程，公司组织专家对工程安全影响较大的风险进行了逐一识别，总结、提炼了南方基地数据中心项目的 9 大类别安全隐患，涉及 29 项常见安全问题。

2. 逐级安全管控

针对工程项目安全管理，制定了分

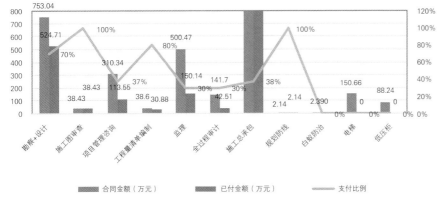

二期土建工程投资使用情况（截至2021年4月）

安全隐患总结表　表

| 序号 | 安全隐患类别 | 涉及安全问题 |
|---|---|---|
| 1 | 氧气瓶、乙炔瓶使用不规范 | 氧气、乙炔间距小于5m |
| | | 气瓶与动火点距离小于10m |
| | | 气瓶放倒使用 |
| | | 压力表破损、软气管破损 |
| | | 软气管管头使用钢丝绑扎固定 |
| 2 | 施工现场临时用电使用不规范 | 电箱内线缆端接未使用铜鼻子 |
| | | 未接地或者虚假接地 |
| | | 线缆拖地/泡水 |
| | | 线缆互接/插排串接，线缆破损 |
| | | 线缆挂高不足 |
| | | 电箱不防水冒雨使用 |
| 3 | 空调立管孔洞无围蔽或围蔽不规范 | 孔洞无围蔽 |
| | | 围蔽材料易燃 |
| 4 | 烧焊作业不规范 | 焊接下方孔洞无焊渣防护措施 |
| | | 动火作业区域未配备灭火器 |
| | | 焊接下方有线缆、气管、易燃物等无防护措施 |
| 5 | 脚手架使用不规范 | 脚手架轮破损，使用时未固定 |
| | | 脚手架缺加固条、无防护栏 |
| 6 | 室内外材料摆放不规范 | 堆放凌乱、易燃材料无灭火器 |
| | | 无明显标识、无围蔽防护措施 |
| 7 | 大型管道吊装作业不规范 | 无方案、无报批手续 |
| | | 无通知监理人员，擅自吊装 |
| | | 吊装区域无围蔽 |
| | | 无安全员在场，吊装管道正下方站人 |
| 8 | 空调管道试压作业不规范 | 无方案、无报批手续 |
| | | 未通知监理人员，擅自试压 |
| | | 试压区域无围蔽、无防护、无安全员在场 |
| 9 | 工人安全措施不到位 | 高空作业未系安全带 |
| | | 未佩戴安全帽 |

级安全管理体系，施工班组安全员对施工作业现场全面负责；每栋机楼设置楼长，楼长对本机楼施工全面负责；整个项目设置专职安全员，安全员对项目安全直接负责；项目经理作为项目安全第一责任人，对项目安全全面负责。明确各级人员安全职责，加强各级人员安全巡查，项目安全得到有效保障。

（七）风险控制最低化

1.加强合同管理

1）协助业主梳理合同条款，删除不合理条款32条，优化条款235条。

具体内容包括：合理计算工期，细分关键节点；合理设置材料调差方式；优化变更签证费用支付方式；增补施工总承包管理与配合服务协议。

2）督促总包单位加强合同执行。在项目实施过程中，作为项目监理单位，公司督促总包单位按照合同约定开展各项工作，确保项目保质保量如期完成交付。

3）公平、公正处理合同条款争议。在一期土建项目实施过程中，由于不可抗力、政府活动、上级检查、总包单位组织不善等诸多问题，导致工程进度存

在一定延误。针对总包单位提供的工期顺延索赔申请进行认真审核，公平公正地给出合理化建议，最终得以妥善解决。

2.资料规范性管理

优化完善文档资料管理制度，要求各单位、各级人员定期开展文档资料编制、检查工作，并定期组织各参建单位公司专家开展文档资料规范性检查，保证了文档资料的合法、合规性。

做好施工过程及问题做好记录，形成安全问题台账库，定期从问题类型、参建单位、问题阶段等多维度进行统计、分析，找出主要问题，并定期开展培训、加强同类问题考核力度，主要问题得到极大改善。

## 三、服务持续提升

（一）产品化体系建设

通过本项目的实施，公司在数据中心方面积累了丰富的管理经验，并在逐步将相关经验进行总结、提炼，成立了一套产品体系文件。在后续的工作中，公司将继续对产品体系进行迭代、优化，形成6大体系文件：客户经理指导材料的白皮书、客户沟通交流材料的红皮书、招标投标指导材料的黄皮书、交付团队指导材料的蓝皮书、各级人员培训材料的绿皮书和产品品牌展示的橙皮书。

（二）推行全过程工程咨询

顺应新形势，做好数据中心全过程工程咨询建设模式的深入研究，以最优质的全过程咨询服务实现项目价值最大化。持续迭代公司信息化管理平台，打通各平台的壁垒，实现各平台互通，实现信息化管理全过程覆盖，形成具有核心竞争力的数据库，服务好粤港澳大湾区云计算数据中心项目建设。

# 论超高层建筑深基坑施工监理管理
## ——以湖南文化广场建设项目为例

姚清平　胡彦　余昭巨

天鉴国际工程管理有限公司

摘　要：随着中国城市化建设的快速发展，超高层建筑越来越多地作为城市地标，在各大城市的中心地带拔地而起。基于超高层建筑不同于一般结构的特点和特有的施工技术，深基坑及其支护工程在项目前期的重要性不可言喻，给现场监理工作带来了巨大的压力和挑战。本文以湖南文化广场建设项目为例，总结天鉴国际工程管理有限公司在本项目深基坑施工过程中的管理工作经验，为超高层建筑深基坑施工监理提供参考。

监理现场管理机构作为建设单位委托的第三方管理者，本位职责围绕项目建设根本目标，抓好工作重点，制定行之有效的预控措施，妥善解决工程施工过程中存在的质量、安全问题，确保工程项目顺利完成。

公司作为一家开展了20余年监理业务的综合性工程咨询企业，先后承担了近30个超高层建筑的施工监理工作，其中获得了3项"鲁班奖"、1项国家优质工程奖，还多次获得国家、省、市各级安全生产管理奖项。公司也由此培养了成熟的超高层建筑监理团队，积累了丰富的超高层施工监理经验，能游刃有余地完成超高层监理工作。

## 一、项目介绍

本项目位于湖南长沙市芙蓉区韶山北路与解放东路交叉口，地处繁华商业圈，隶属于CBD核心发展地带。拟建场地西临韶山北路，北侧为解放中路，东邻温莎KTV，南侧为湖南大剧院一期。本项目地下4层，建筑面积约为21504.9m²。基坑开挖深度约为17.00~26.00m，施工安全等级为一级，基础类型为筏板基础，塔楼部分筏板厚度为2.50m、8.20m，裙楼部分筏板厚度为0.55m、0.75m，地下一层至地下四层层高分别为：7.10m、3.35m、3.35m、3.65m。地上35层，结构屋顶高度为195.3m，建筑顶高度为201.8m，标准层层高5.4m。主体结构形式：塔楼采用框架—核心筒结构，裙楼采用钢筋混凝土框架结构。

## 二、项目难点

### （一）项目施工周期长，深基坑施工安全风险极大

1. 本基坑工程于2014年9月开工，施工单位为湖南省建筑工程集团总公司，至2015年10月由于多方面因素导致项目停工、施工单位退场。直至2017年3月中铁城建集团有限公司进场恢复施工，2018年7月基坑支护工程全部完成，前后历时近4年。

2. 本工程基坑开挖深度为17.00~26.00m，施工安全等级为一级。工程西侧基坑边线5m远处为韶山北路地下通道出入口；南侧为湖南大剧院，其外墙距基坑支护边只有5.4m；东侧隔4m消防通道为温莎KTV；北侧紧邻解放东路，文艺路口公交站台在围挡外3m处。项目邻近建筑物多，施工作业可用空间小，增加了施工作业的难度，施工安全风险大。

3. 本项目因施工单位更换导致停工16个月，至停工时基坑开挖深度12.0~19.4m，主楼部分剩余开挖深度4.0~9.0m，裙楼及地下室剩余开挖深度为

5.0~8.0m。长期裸露对已完工程造成了一定的破坏，也给项目安全管理工作带来巨大的压力。

4.本项目地处闹市繁华地带，交通管制严格，土方外运需在晚上10点至次日凌晨5点进行施工，施工时间短，且环保要求严格，严重影响项目施工进度。

（二）项目环境复杂，施工组织难度极大

1.工程位于市中心，周边为城市主要交通要道，人口密集且车流很大。因而在施工期间，如何做好施工期间的交通组织，如何避开每日的高峰期，确定好施工的时间段是本工程的重中之重。

2.工程场地非常紧凑，因此在专项设计时，必须考虑施工区段划分、开挖控制线、合理的挖土路线及各个区块的衔接配合，进行流水施工作业。

3.由于基坑地处市中心，土方运输只能在后半夜进行，所以如何在规定工期内控制好开挖进度是本工程的另一大重点。

（三）支护结构复杂，质量控制标准高

1.基坑采用锚桩为主的支护体系，分段采用桩锚支护（旋挖护壁桩＋预应力锚索，以及人工挖孔桩＋预应力锚索）。场地西侧存在韶山路地下通道，场地南侧为湖南大剧院，锚（杆）索施工时应考虑相应避让措施。

2.基坑西侧设计为4道腰梁，因停工影响增加变更设计一道腰梁；南侧设计为2道腰梁，东侧设计为5道腰梁，北侧设计为4道腰梁，作为支护结构的重要组成部分，腰梁的施工质量对于整个支护结构达到设计效果至关重要。

3.另考虑潜水影响，本工程拟采用三重管高压喷射注浆（摆喷）后形成止水帷幕止水（桩间止水），待止水帷幕施工完毕，抽出帷幕中的地下水后方可施工基坑。

由于基坑较深，为了确保坑壁的稳定，确保护壁桩、止水帷幕、腰梁、锚杆的施工质量尤为重要。

## 三、监理措施

作为本项目现场监理机构，我们深知在建筑工程管理中，安全和质量是相辅相成、相互统一的，建筑施工过程中安全事故影响施工质量，工程质量不好也直接导致安全事故发生。因此施工质量控制与安全生产管理都是监理工作的重点，绝对不能单一地去看待。在项目实施过程中，面对施工环境复杂、施工难度大、施工单位中途更换等不利局面，我们始终把"事前控制、风险管理"作为监理工作的基本出发点，充分运用"4M1E"法和"海因里希事故"因果连锁理论，积极做好预控工作，严把施工安全、质量关，确保了深基坑及支护工程安全、优质的完成，为本项目实现最终建设目标打下了坚实的基础。

（一）严格执行审查制度，做好安全、质量事前管理

1.严把施工方案审查关。施工方案是施工单位编制的指导施工各项活动的重要综合性技术文件，作为施工单位全部施工作业活动的行为指南，施工方案的审查是监理预控工作的重点之一。针对本项目特点，监理部坚决要求施工单位建立健全安全质量管理体系，组织施工单位对主要的施工组织技术措施，安全质量隐患、通病的预防及质量保证措施，工序流程的安排，主要项目施工方法的可行性、适用性、经济性等进行了

反复讨论和多次修改，从根本保障项目施工的顺利进行。

2.严把进场材料质量关。对于深基坑支护工程，工程质量就是施工安全的基础，因此进场原材料的质量控制自然就成为监理管理工作的重点之一。监理部安排专人对所有进场钢筋、水泥、型钢、预应力钢绞线等都进行了见证取样检测，合格率达到100%；为了保障混凝土质量，监理部还组织施工单位对商品混凝土搅拌站进行了考察，确认商品混凝土搅拌站从质量管理体系、质量保证措施、生产及运输能力等各个方面均能满足项目施工需要。

3.严把施工人员素质关。人是施工的主体，施工人员的素质高低及质量、安全意识强弱都直接影响到工程产品的优劣和施工生产的安全。监理部坚持做好承包单位施工队伍及人员技术资质的审查与控制工作。对项目承包单位的关键岗位人员的管理水平、技术能力等进行了综合考查；对特殊作业以及关键部位施工工艺的操作者的水平进行了技术考核；对国家规定持证上岗的人员，审查合格后方可上岗。对不符合要求的人员，坚决要求撤换。

（二）加强预控管理，消除隐患，降低风险

作为项目监理机构，我们认为管理的好坏不仅是能否发现问题，更应该用我们丰富的知识和经验，先于建设单位、施工单位考虑到施工作业中可能存在的问题、可能发生的风险事故，帮助建设单位、施工单位做好各项预防措施。

在本项目深基坑及支护工程的实施过程中，监理部坚持在各工序正式施工前整理总结作业要点、风险因素、事故隐患，以工作联系单的形式提醒施工单

位加强相关事项的管理，并以工地例会会议纪要的形式上报建设单位，还在日常沟通交流中反复要求施工单位提前做好交底、培训等工作，力争运用各种监理工作方法把安全、质量风险防范意识灌输给项目部各级管理人员，帮助施工单位共同提高安全、质量管理的工作效果。本工程累计下发工作联系单14份，召开工地例会近百次，监理预控工作基本达到预期效果。

（三）加强过程管理，做好全方位管理工作

1. 做好巡检工作。监理部坚持通过合理有效的巡检工作，保证工程能够顺利完成，为施工创造出一个适合的环境，提升工程的施工效率和质量。一是对施工现场周围的环境、施工要求达到的条件进行全面考察，查看环境是否满足施工的要求；二是对设备的检验和监管，了解各项机械设备的运行情况，对于一些开始老化或者是处于老化状态中的设备，和施工人员积极地进行沟通，督促施工单位开展有效的设备管理工作；三是在施工之后对施工的质量进行及时检查，判断整个工程是否严格按照施工方案实施。坚持做到每日检查、对比和记录，为今后查阅相关的信息提供基础支持。在巡检的过程中发现一些比较严重、明显的问题，及时与施工负责人进行沟通，通过下达监理指令要求施工单位立即组织整改。本深基坑工程共下发质量监理通知单26份，安全监理通知单39份，项目过程安

全、质量管理处于可控状态。

2. 加强验收管理。深基坑支护工程虽然是临时性措施工程，但是由于它本身的危大工程特殊性决定了监理必须对支护工程实施严格的验收。在本工程施工过程中，监理部在严格要求施工单位执行"三检"制度的同时，安排监理人员对关键工序实行全过程旁站，如护壁桩混凝土浇筑、预应力锚索注浆及张拉等。分项工程完成后严格按照质量验收标准进行验收，尤其是深基坑施工中的关键部位，前道工序未验收签证，后道工序绝不允许施工。对达不到要求的必须整改至符合要求。同时，及时整理收集各类报审表、验收记录表等文件资料对资料的完整性进行审核。本项目深基坑及支护工程全部检验批、分项、分部工程经五方验收一致通过合格认定。

3. 严格执行安全稳定性监控。本工程周围环境复杂，毗邻高层建筑与交通主干道，监理部始终将基坑安全稳定性监控列为工作重点。特别是中途因故停工16个月，导致本工程历时近4年，前期施工的基坑支护工程已超过设计使用年限1年，造成项目安全风险大大增加。自项目开工以来，监理部便安排专人负责基坑监测的跟踪管理工作，每日收集基坑围护结构的沉降、水平位移、深层水平位移、锚索应力及基坑周边水位、地面建（构）筑物沉降等数据。项目停工期间，此项工作也从未间断，直至本工程全部完成。工程停工期间，考虑前

期支护工程已超过设计使用年限，监理部多次建议建设单位开展支护工程的安全鉴定评估工作、制定应急预案，确保基坑安全，防范安全事故的发生。

## 四、项目效果

本项目深基坑及支护工程在各方的共同努力下，历时近4年，安全、优质地完成了建设任务，未发生一起安全、质量事故，为项目的后续施工奠定了坚实的基础。监理部付出了辛勤的劳动，也得到建设单位的赞赏与表扬，施工单位对监理部提供的咨询与帮助多次表示感谢。4年来，我们深感工作的艰辛，也为取得的成绩感到骄傲与自豪。目前本项目已进入幕墙施工阶段，所有参建单位有信心向国家"鲁班奖"发起冲刺，监理部也有信心为公司赢得更多新的荣誉。

## 结语

深基坑及支护工程技术复杂，涉及范围广，施工中可能会遇到各种意外情况，施工风险性大。因此，监理人员必须要有超前的意识，提前把控施工过程中可能发生的各类风险，做好各项预控工作，这也对监理人员的综合素质提出了更高的要求。在当前市场竞争异常激烈的大环境下，监理人员首先应该排除外部干扰，加强专业知识学习，提高个人专业水平，从容面对挑战。

# 武汉地铁施工安全生产管理风险分析与应对措施研究

刘凯

中煤科工集团武汉设计研究院有限公司

## 一、研究背景

随着我国综合国力的不断提升及城市化进程的不断推进，党的十九大报告明确提出了区域协调发展战略的主要任务和战略方向，按照"西部开发、东北振兴、中部崛起、东部率先"的区域发展战略思想，这给位于中部核心的武汉带来了更好的发展机遇。轨道交通建设将会在政策的指引下进一步加快推进。

武汉地铁工程覆盖范围广，涉及武汉三镇，同时建设条件复杂，涉及过江隧道，各级长江阶地盾构隧道，岩溶暗挖隧道等。另外，地铁施工位于市区，地面交通繁忙，人流密集，建筑林立，地下管线密集。因此，不仅工程本身存在质量安全课题，而且如何在不利于工程施工的环境中，合理开发地下空间，保证工程质量安全，保证人身财产安全，是更大的课题。《中华人民共和国安全生产法》指出的"安全第一，预防为主，综合治理"是我国安全生产管理方针，是我国安全生产工作的方向。在工程建设过程中，人身财产安全与工程安全是一个有机的整体，缺一不可，也是项目参建各方需要抓的头等大事，是工程顺利进展的保证。

建设工程安全生产管理是建设工程监理基本职责的重要的组成部分，安全是工程施工的永恒主题，是确保质量、进度及效益的核心要素。

## 二、监理单位安全管理风险分析

地铁施工涉及土方开挖、深基坑支护、盾构或爆破暗挖、起重吊装及安装拆卸工程、脚手架工程、钢支撑、管线改移等多种工程领域。武汉地铁建设更需要面临地下水、管涌、岩溶坍塌等不利地质条件，安全环节多，安全风险高。因此，如何保证安全生产是需要一整套机构、一整套制度、一整套监督管理体系作保证的。

### （一）武汉地区工程及水文地质条件的多样性

武汉由于其所处的特殊地理位置，两江三镇位于长江三级阶地上，所处的工程及水文地质条件不同，进而对地铁施工提出了不同要求。

长江一级阶地分布于江河河床两岸的狭长地带，地层属于第四纪全新世（Q4），地层组合为典型的二元结构特征，上面以黏性土为主，下部为砂土、砾石、卵石组成的下粗上细的一套地层，基底多为基岩。该阶地水文地质条件复杂，常有多层地下水埋藏，浅部为上层滞水或潜水，下部砂层及砾卵石层中有承压水埋藏，由于该含水层紧邻江河，含水层中水与江河水有直接水力联系，因而具有较高的承压水头，且承压水渗流方向有垂直向上渗流的特点。

长江二级阶地分布在近河一级阶地外侧，地层时代属第四纪晚更新世（Q3），与一级阶地地层截然不连续，具有典型的二元结构组合特征，即上部为黏性土，下部为砂、卵砾石层，基底为基岩。该阶地水文地质条件较一级阶地简单，地下水埋藏类型多为潜水，赋存于粉质土中，但水位较深，其与现代古河床无直接水力联系，因而承压水头不会太高。

长江三级阶地分布于一、二级阶地之外，是江河冲积平原最古老的组成部分，地层时代属于第四纪更新世（Q2），与二级阶地或一级阶地地层截然不连续，呈陡坎式接触，多被长期剥蚀成隆岗或波状平原。该阶地地层组合一般多以老黏性土为主，二元结构不明显，只在底部有碎石夹黏性土层。该阶地水文地质条件简单，老黏性土属于不透水非含水层，底部碎石夹黏土中相对富水，地铁施工过程中一般不需要考虑特殊地下水控制措施。三级阶地中的老古河道也具有二元结构的特征，下部砂、卵石层具有承压含水性，也存在涌水、管涌现象，但由于这类砂、卵石层属极密实土且砂中含黏粒很多，卵石呈半胶结状态，属弱透水层，对地铁施工影响不大。

武汉地铁施工贯穿长江三级阶地，

主要遇到的风险有：

## 1. 地表沉降

三级阶地第四纪松散覆盖层，由于具有承载力较低，压缩性较大等特点，在各种荷载的作用下，易产生压缩，引发有害变形，在地铁开挖之后容易产生地面沉降现象，且这种变形是持续的，对地铁结构的施工和支护都将产生不利影响。

## 2. 岩溶

武汉地铁施工穿基岩段，很多为岩溶地层，溶洞、岩溶裂隙发育，在地铁施工过程中，易引发岩溶塌陷、突水涌泥事故的发生。以武汉市轨道交通纸坊线（7号线南延线）工程为例，该工程含7站7区间，其中5个区间分布有岩溶，其中纸地区间岩溶发育更甚，以左线为例，该区间长度2641m，穿越岩溶段长度1875m，占71%，根据勘探资料，共发现溶洞151个，圈定物探异常区57个，直径大于6m溶洞共6个，其中隧道洞身范围内溶洞14个，隧道顶板标高以上溶洞107个，隧道底板以下溶洞30个，各类溶洞由于充填情况、洞径大小、分布位置各异，对纸地区间地铁施工影响各不相同，为减小施工风险，确保施工安全，该区间采用矿山法暗挖施工方式进行开挖。

## 3. 地下水

武汉市素有"百湖之市"美称，地下水主要受地表水（长江水、湖水）及大气降水的影响，因此，水位埋深普遍较高，一般埋深为 0.8 ~ 4.7m。在地铁的沿线，地下水位一般高出基坑和隧道底板16m左右。

地下水的发育给地铁建设造成了非常不利的影响，地下水可以软化、侵蚀围岩及地铁衬砌结构，潜水及承压水可引发流砂及涌水，降水可引发地面沉降及建筑物破坏，地铁建成后使地下水径

流环境遭到破坏等问题都非常显著。

## （二）工程建设周围环境的复杂性

武汉地铁施工位于市区，地面道路密布，建筑物林立，地下管线密集，区间线路与既有道路、桥梁、建筑物、地下管线存在干扰成为常态，如何在确保地铁施工安全、可靠的条件下，不对外界生产、生活环境造成影响，协调好外部环境与地铁施工的关系，也是需要着重解决的问题。

## （三）施工单位施工及管理风险

地铁建设由于其特殊性，均为地下结构，根据不同环境条件，采用明挖、暗挖或盾构法施工，工程结构复杂，施工难度大，施工方法多，由于处于地下环境，不可预见因素多，因此，施工单位的施工工艺和管理、操作水平成为影响地铁安全施工的重要因素。不同施工单位，其擅长的施工工艺不同，拥有的施工设备及对设备的操作技术水平不同，管理制度与管理水平差别很大，对一线作业人员的培训教育不足，安全意识不够，使得操作人员不熟悉、不了解安全规范、操作规程，经常出现三违现象。在隐患发生时，未能及时发现，要求不严格，整改不到位。这些都是造成地铁施工安全事故发生的重要原因。

## （四）监理团队建设风险

地铁监理单位作为独立第三方，应代表业主单位对施工单位做好管理与服务工作，其组织结构的健全与否，安全管理体系及制度的完善与否，服务水平与管理意识的高低，将对地铁施工过程中质量隐患、安全隐患的发现及整治起到关键作用，因此，严格按照《建设工程安全生产管理条例》《建设工程监理规范》中明确的建设工程安全生产管理的内容、程序、责任，建立安全生产管理组织机构，确定

岗位职责与管理制度，明确现场工作内容及安全生产管理工作措施，对重点部位、重点工程、重大风险应进行风险分析，并编制应急预案，做好安全生产管理工作。

# 三、风险应对措施

（一）针对武汉地铁建设中涉及的工程及水文地质条件风险，监理单位应在地铁项目开工前编制有针对性的监理规划和安全生产管理监理细则，其中，编制的监理规划应结合地铁工程实际情况，明确项目监理机构的工作目标，确定具体的监理工作制度、内容、程序、方法和措施。对专业性较强、危险性较大的分部分项工程，监理单位应根据《危险性较大的分部分项工程安全管理办法》建质〔2009〕87号文，要求施工单位在危险性较大的分部分项工程施工前编制专项方案，对超过一定规模的危险性较大的分部分项工程，施工单位还应当组织专家对专项方案进行讨论，同时，项目监理机构应结合危险性较大的分部分项工程的特点，编制监理实施细则，应明确其专业工程特点、监理工作流程、监理工作要点、监理工作方法及措施。监理实施细则应符合监理规划的要求，并应具有可操作性。

（二）针对工程建设周边环境的复杂性，应对周边环境进行系统梳理，对既有道路、桥梁、建筑物、地下管线的现状进行细致调查，制定安全、可行、经济的施工方案。

监理单位应严格审查施工单位提交的施工组织设计中的安全技术措施或专项施工方案，并由项目总监理工程师在有关技术文件报审表上签署意见；审查未通过的安全技术措施及专项施工方案不得实施。

监理工程师在审查施工组织设计中的安全技术措施时，应着重对施工单位安全组织机构和施工现场的安全管理体系、安全生产及安全文明施工管理制度、施工单位安全资质和特种作业人员操作证等进行审查。

对一般工程项目的专项施工方案和主要技术措施，监理单位应重点审查基坑支护和降水方案，土方开挖方案，模板工程及支撑体系方案，起重吊装及安装拆卸方案，脚手架搭拆方案，高空作业方案、施工现场临时用电方案和安全措施等内容。

（三）施工单位存在的施工及管理风险，主要发生在施工阶段，监理单位应通过有效的监理手段，监督施工单位按照施工组织设计中的安全技术措施和专项施工方案组织施工，及时制止违规、违章作业。根据《建设工程监理规范》GB/T 50319—2013要求，项目监理机构应根据建设工程监理合同约定，遵循动态控制原理，坚持预防为主的原则，制定和实施相应的监理措施，采用旁站、巡视和平行检验等方式对建设工程实施监理，这就要求监理单位做到以下几点：

第一，地铁施工现场人员流动性大，工程进展动态变化，因此，监理单位应遵循动态控制原理，现场巡视中应检查上岗人员的上岗资格，同时，结合工程的动态变化，监理单位应做到事前审查施工组织设计中的安全技术措施或专项施工方案；事中对工程现场各类制度、措施进行动态监理；事后对存在安全隐患、施工作业不规范的行为按照监理规范进行整改、停工等控制，确保施工安全、质量安全。

第二，监理单位应切实履行自身的安全管理职责。对自身而言，应参加建设单位组织的图纸会审、设计交底会议、开工会议、安全生产专项检查等，并协助做好相关会议纪要，同时，应监督施工单位安全生产基本措施的落实情况，必要时，要求施工单位进行整改。

第三，监理单位应依照审查批准的施工方案定期、不定期对施工现场的施工机械、脚手架、模板、高空作业、临边临口等设施和安全设备进行专项检查，核查各种验收手续。

第四，监理单位应定期巡视检查施工过程中的危险性较大工程作业情况，对重要工序、关键部位进行全过程旁站监理。

第五，检查施工现场各种安全标志和安全防护措施是否符合强制性标准要求，并检查安全生产费用的投入及使用情况。

最后，监理单位对地铁施工现场发现的各类安全事故隐患，应书面通知施工单位，并督促其立即整改；情况严重的，监理单位应及时下达工程暂停令，要求施工单位停工整改，并同时报告建设单位；安全事故隐患消除后，监理单位应检查整改结果。施工单位拒不整改或不停工整改的，监理单位应及时向工程所在地建设主管部门或工程项目的行业主管部门报告。检查、整改、复查、报告等情况应有相关记录。

（四）针对监理团队建设风险，首先，应该根据地铁建设的特殊性，建立满足工作需要的安全生产管理组织机构，配备必要的安全管理人员，建立健全安全生产管理体系及安全生产管理工作制度，明确安全生产管理职责，以保证安全生产监督责任的落实。其次，监理单位要及时传达和布置安全生产的工作和检查内容，并对安全生产管理工作开展情况进行至少每月一次的例行检查或不定期检查，对于检查中发现的问题要求施工单位及时落实整改，并组织进行复查。最后，监理单位应注重团队建设，在建设工程安全生产管理过程中，应加强教育培训，提高监理人员素质、技术能力和管理水平，端正监理的工作态度和责任心，为确保地铁的安全顺利施工做好准备。

## 结论

本文对武汉地铁建设在安全生产管理方面存在的风险进行了分析和研究，得出了如下结论：

（一）武汉地铁建设在安全生产管理方面存在的风险因素，包括工程地质及水文地质风险、周围环境风险、施工单位施工及管理风险、监理团队建设风险四类。

（二）针对监理单位在武汉地铁建设安全生产管理方面存在的风险，详细分析了风险的类型、规模及存在的原因，从安全生产管理角度，提出相应的安全生产管理应对措施，通过风险预防、风险规避、风险分散、风险转移等处理措施，使风险损失对武汉地铁生产经营活动的影响降到最低程度。

（三）监理单位在武汉地区地铁建设遇到的相关安全生产管理问题，在类似的长江阶地地铁建设过程中也会遇到，风险类型及风险应对措施为其他同类型的地铁施工监理安全管理提供参考。

参考文献

[1] 傅志峰，左昌群，陈建平. 武汉地铁2号线工程地质风险及对策[J]. 西部交通科技，2010（5）：88-93.

[2] 中国建设监理协会. 地铁工程监理人员：质量安全培训教材[M]. 北京：知识产权出版社，2009.

# 以市场需求为导向，为建设项目提供全生命周期咨询管理服务——全过程咨询管理实施案例工作交流

查群

安徽万纬工程管理有限责任公司

## 前言

面对新的形势，工程管理企业如何抓住机遇，从体制上、管理模式上、管理团队建设、人才的培养及储备做好准备，把工作重点从工程监理向前向后延伸，完成从纯工程监理向全过程工程咨询管理的转变是摆在每一个企业面前的课题。

2020 年 3 月，公司受某化工有限公司委托，组建项目监理部代表公司对工程设计、采购、工程招投标、工程质量、进度、投资、HSE 和合同管理、培训、组织试生产进行全过程咨询管理。

## 一、项目概况

本工程建设单位不仅向各分公司供汽，也承担了向省精细化工园区供汽的任务，对整个园区及其所在地的经济发展至关重要。根据国家发展规划及产业政策的要求，原有的 3 台 20T/H 链条炉面临着即将淘汰的命运，为此，建设单位申报供热系统环保节能改造项目，用 1 台 60T/H 高效低氮煤粉炉替代 3 台效率低、污染大、资源浪费严重的 20T/H 链条炉，项目于 2019 年 5 月 7 日获得工程所在地经济和信息化局批准立项，2019 年 10 月 22 日通过能评，2019 年 11 月 1 日通过环评，2020 年 3 月通过安评。

## 二、项目管理体系建设

（一）全过程咨询管理策划、编制体系管理文件，规范管理行为

一个项目能否顺利实施，达到预期的经济、技术目的，实现质量、安全、进度目标，必须建立一套完整的体系，规范管理整个工程的实施，做到有据可依，为此我们先后编制了下列文件：

1. 采购物资入库检验规定。
2. 承包商采购设备材料开箱检验规定。
3. 承包商的施工质量管理要求。
4. 承包商行政许可管理规定。
5. 承包商物资采购管理规定。
6. 吊装作业管理规定。
7. 个人劳动保护用品管理规定。
8. 工程结算管理规定。
9. 工程施工开工报告审查规定。
10. 工程预试车管理规定。
11. 工程中间交接管理规定。
12. 工地规范化管理规定。
13. 焊工与焊接施工质量管理规定。
14. 合同管理规定。
15. 交叉作业安全管理规定。
16. 交工验收管理规定。
17. 脚手架作业管理规定。
18. 设计交底、图纸会审管理规定。
19. 施工现场热处理质量控制规定。
20. 施工用电安全管理规定。
21. 危险化学品 HSSE 管理规定。
22. 现场压力试验见证管理规定。
23. 项目实施计划和施工技术文件管理规定。
24. 项目收尾工作规定。
25. 工程文件编码管理规定。

管理程序文件报建设单位审核后，批准执行，项目部立即组织项目部、业主指挥部、施工单位管理人员学习，印刷装订成册，发到每一个单位和部门，严格按此执行。

（二）协助业主及各承包商建立管理体系

全过程咨询管理作为一种项目管理模式，业主及各承包商均没有接触过，且各自项目管理模式、管理体系均不相同，在项目实施过程中会造成因方式、方法不同而产生矛盾。针对这种情况，项目部经与业主协商统一项目管理模式，组织集中培训，指导施工单位建立管理体系，尤其是质量管理体系及安全管理体系，合理配置体系人员，强化资质审查，帮助施工单位建立起有效的管理体系。

（三）建立考核制度

本项目工期紧、任务急、业主要求高，建立管理体系后，如何保障体系有效运行，实现质量、进度、投资目标，是我们需要解决的首要问题。为此，我们

根据各承包商的承包范围及特点，从质量行为、HSE管理、进度控制、物资采购、项目管理、重大问题否决等几个方面制定了项目管理考核办法，与业主协商，由业主提供一些费用，每月考核，按得分情况实施奖惩。确保各承包商完成项目合同内各专业的设计、施工工作，满足合同进度要求和质量要求；配合项目管理部进行质量、进度、投资、合同、信息、档案、项目移交使用等管理和控制等工作，执行项目管理部及业主指挥部决议；在项目实施阶段，结合项目管理职责进行设备材料采购、施工、管理、竣工验收等工作；完成项目建设单位的资料备案及整理归档要求，协助工程竣工验收和竣工备案，做好工程进度款支付申请和工程结算等工作，取得了良好的效果。

## 三、设计管理

工程成功与否，性能指标能否达到要求，在很大程度上取决于设计质量。项目部自3月10日入驻现场后，立即与设计单位取得联系，要求设计单位提交设计出图计划，设计单位于3月12日提交计划，进度计划基本满足项目进度要求，但受厂家提资情况影响较大。因疫情影响，项目部于3月27日组织业主、管理公司、设计、承包商召开视频会议，会议中明确要求承包单位4月3日前完成基础部分的提资，设计单位4月5日前完成桩基础设计，各方均达到会议要求，保证了工程奠基如期进行。

本工程设计图纸内容中，土建专业类似分部尺寸累加超过总尺寸的错误比比皆是，电仪专业设计中存在引用规范不正确，设计前后不对应等现象；针对这种情况，项目部工程管理人员在组织阅图工作中，拟出问题清单，及时协助业主单位组织图纸会审会议，并于会议

中及时纠正、解决相关设计问题。施工过程中针对设计中存在的缺项、漏项及设计错误以及施工中存在的问题，先后发出30份联络函与设计单位联系，提供现场实际情况，提出改进意见，解决问题，保障项目正常进行。

由于疫情及承包商自身原因，造成对设计单位提资严重滞后，影响设计进度。为此，我们积极协调，多次发函给承包商，并到承包商单位或邀请承包商领导来建设单位，对其约谈，妥善解决问题，确保工程按期完工。

## 四、采购管理

由于业主技术人员主要是生产及管理部门组成，缺乏锅炉专业工程师，前期准备工作不充分，对于本项目所需的设备类型、技术指标、等级要求不够明确，这对项目实施造成极大困扰。

承包商在设备、辅机采购过程中，未与业主沟通，擅自更改辅机技术参数，其采购的辅机技术参数与招标文件及合同、投标文件严重不符，在审核采购合同中被发现，及时通报建设单位，同时发函承包商要求其纠正错误，履行合同。承包商认为投标时建设单位给予的时间不充分，投标时是预估价，后经核算后，设备仓储无需那么大，其按核算的数据订货，而建设单位认为投标书是承包商自行编制，辅机订货必须与标书相符，双方分歧较大，工作陷于停滞。针对这种情况，项目部根据招标文件、投标文件、技术协议书等相关文件，编制设备采购偏离对比一览表，将所有偏离情况都统计出来，并查出招标文件、投标文件、技术协议书中对此的描述，做了充分的准备，2020年4月21日于建设单位现场会议室组织召开由建设、设计、承包、监理参加的各方协调会。在会上，我们首先指出招标及合同的法律意

义，各方在履行合同时应有的权利和应尽的责任与义务，把我们统计的设备采购偏离对比一览表提交大家认可后，作为协商的基础。通过激烈的协商，承包商也意识到自己的错误，双方基本达成一致意见，但承包商在执行中未完全按协议执行。5月12日项目部召集建设单位项目指挥部、设计单位再次共同至承包商单位主持召开采购协调会解决问题，经参会各方充分讨论协商，建设单位与承包商达成技术与商务分开处理、优先保证满足业主需要和设计要求的一致意见，形成会议纪要。

为避免工作争议，影响工程进度，我们建立技术协议评审微信群，要求接到承包商提交的采购技术协议后，相关技术人员应于24小时内提出异议，如无异议，则技术协议由承包商、设计单位、业主三方会签，有效解决了分歧，加快了采购进度，推动工作进行。

## 五、设备监造

在项目初期，承包商发往现场的设备存在严重的质量问题，我们在检查中及时发现，建设单位领导给予高度的重视，对设备监造组提出严厉批评，并按制度处理了有关责任人员，为保证工程质量，建设单位委托公司派遣专业工程师代表建设单位承担驻厂监造任务。5月12日补充协议签订后，项目部立即编制锅炉制造驻厂质量监督计划及措施，确定质量控制要点及控制措施，经业主批准后，同时发给承包商。驻厂工程师于5月15日进驻现场，立即投入紧张的驻厂监督工作中，对每一批材料都查验合格证及材料质保书，每一道焊缝均进行外观检查、查验无损检测报告单，每一次热处理均旁站，每一根管道通球试验均监督进行。期间承包商带有抵触情绪，拒不提供图纸、不提供检测器具，项目部经理得知情况

后，立即与承包商主要领导联系，指出他们的不当行为违背契约精神，要求其全力配合工作，使监造工作得以顺利开展。

## 六、工程监理

在进度控制过程中，项目部认真筹划、科学管理，在业主授权范围内，协调各方利益，组织资源，采取以下措施，确保工程按照总体建设部署和进度计划实施。

根据工程项目的特点和实际情况，协助业主编制总体统筹计划，根据总体统筹计划的要求，规划工程项目进度控制目标，统筹规划物资、材料、设备、人员的需要及到场时间，严格管理，协调各方工作。强调计划管理，本工程的关键线路在于设备制造及设备安装，这两者提前则工期提前，根据收集到的信息和现场反馈情况，对施工现场进度实行动态控制，总体计划进行了多次调整，进度计划控制到每一天，挂图作业，每天下午4点组织召开工程协调会，按天销项，以确保总体形象进度的要求。

项目部质量保证体系严格按公司质量体系文件要求运行，依照监理规范要求和授权，按事前、事中和事后的控制原则，项目部对承担本装置的各施工队伍、分包队伍的企业资质和从业人员资格、质量管理体系、施工组织设计及方案等进行了严格审查，对本工程设计交底、图纸会审、设备材料报验、工序过程、检验检测、质量评定等各程序进行了严格控制。在本工程建设中，工程所用材料、设备全部合格；施工质量符合设计和规范要求。另外，对工程施工的关键部位、工序进行了旁站。从工程验收情况看，施工质量实现了合同约定的工程质量目标各项验收指标。工程资料齐全、记录真实，整个项目处于受控状态。在工程建设过程中，未发生一起重大质量事故。

在工程建设中，项目部依照"HSE监理细则"会同业主HSE部开展各项工作，始终坚持执行业主单位各项安全管理规定，"独立区域安全管理规定""作业票证安全管理规定"等，使工程建设自始至终在受控范围之内，实现了工程建设HSE管理目标，未发生任何大小事故，安全生产事故为零。

从工程开始拟定了工程文件编码方法，制定了资料管理制度，在日常管理中经常督促及检查资料员文档工作，对于施工单位来往文件及时进行确认返还，项目部各种文件按公司子程序文件规定组卷分类登记，各种资料归类后编辑成电子表格，在内部查看，及时和真实地反映工程信息，正确判断和实现动态的有效监管，确保施工过程的管理资料和交工技术文件符合国家及行业管理要求，档案验收达到优良标准。

本工程业主每签订1份合同，项目部均组织相应专业工程师进行学习，认真研究合同条款，熟悉合同内容，在投资控制方面，合同管理效果明显。根据本工程合同管理经验，合同管理应该在合同未签订之前就要实施管理，即确定签订合同方针，以便在编制招标文件中详细说明。签订合同后要进行学习，施工中要不时地对比合同，用合同对进度、质量、投资进行控制。

## 七、培训

由于业主的老锅炉为链条锅炉，人员结构老化，文化水平较低，水、煤化验人员力量不足，为此，我们协助业主制定岗位人员配置计划，根据计划招聘新员工。拟定岗位培训计划和培训方案，编制培训教材，"请进来、走出去"，聘请优秀的师资力量开展培训活动，课堂培训与岗位训练相结合，有效提高了员工的技术水平和操作能力。

培训结束后，进行了理论知识和岗位实操考试，优胜劣汰，建立了一支出色的员工队伍。

## 八、组织试生产

本项目选用的装备为高效低氮煤粉炉，业主单位从未使用过，对生产的准备工作一筹莫展。公司发挥自己的优势，协助业主组织成立试生产领导小组，编制试生产方案，通过组织、技术、经济等各项措施确定或明确试生产应达到的目标；试生产应具备的条件；物料平衡及物资准备；人员配置；维保力量及物资配置；燃料及动力平衡；环境保护；劳动安全卫生及消防等方面统一协调管理，确保了本项目试车、投料试生产一次成功。

## 九、意见及建议

（一）要想推广全过程咨询管理，应从政府层面加强立法或制定标准规范，否则有一定难度。

（二）制定全过程咨询管理的标准化合同范本。

（三）统一全过程咨询管理的收费标准。

（四）严格企业资质管理，防止鱼目混珠，冲击全过程咨询管理的行业发展。

# BIM技术之于智慧工地的应用研究

周敏

临汾方圆建设监理有限公司

近些年，BIM（Building Information Modeling）技术在工程建设领域掀起了一场技术变革，越来越多的项目开始采用该技术。目前，随着我国建设项目规模不断扩大、技术难度持续增加，传统的设计、施工模式已经不能适应新时代我国经济社会发展的节奏。此时 BIM 技术的产生与推广正好契合了建筑产业时代发展的新要求。因此，采用 BIM 技术对传统的项目实施模式进行改进，提升项目的综合效益是有其积极意义的。

## 一、概念界定

### （一）BIM

BIM 技术是一种应用于工程设计、建造、管理的数据化工具，通过对建筑的数据、信息模型化整合，在项目策划、运行和维护的全生命周期过程中进行共享和传递，使工程技术人员对各种建筑信息做出正确理解和高效应对，为设计团队以及包括建筑、运营单位在内的各方建设主体提供协同工作的基础，在提高生产效率、节约成本和缩短工期方面发挥重要作用。

这里引用美国国家 BIM 标准（NBIMS）对 BIM 的定义，定义由三部分组成：

（1）BIM 是一个设施（建设项目）物理和功能特性的数字表达。

（2）BIM 是一个共享的知识资源，是一个分享有关这个设施的信息，为该设施从概念到拆除的全生命周期中的所有决策提供可靠依据的过程。

（3）在设施的不同阶段，不同利益相关方通过在 BIM 中插入、提取、更新和修改信息，以支持和反映其各自职责的协同作业。

随着 BIM 技术在实践中一次次的成功应用，其巨大的商业价值也越来越为业内人士所重视，总的来讲，BIM 的功能价值主要体现在以下几个方面：

（1）模型可视化。该项功能是 BIM 技术最为基础的应用之一，是将传统的 2D 平面图纸以 3D 立体建筑的形式展现出来。真正实现了设计人员从 AutoCAD 中解放出来。

（2）管线优化及碰撞检测。利用 BIM 技术的这项功能可以对设计中错综复杂的管线进行合理的布置、定位。传统的设计方式缺乏立体视角，对于潜在的冲突以及碰撞难以发现。通过 BIM 技术的碰撞检查，可以提前发现图纸和施工计划中可能出现的不合理的地方。

（3）4D 进度控制。将项目有关的时间信息添加进 BIM 模型之中，从而实现三维实体单元与工程进度轴相关联，可以为用户提供一个虚拟施工的 4D 环境，改进了传统项目管理中形象性进度差、网络计划抽象、参与者沟通和衔接不畅等问题。

（4）将项目成本信息添加到 BIM 模型之中，可以提供更加精确的项目成本估算。近些年，5D—BIM 发展势头强劲，许多公司项目管理都依靠其实现竞争优势。5D—BIM 模型建立过程中可以将相关的 BIM 软件，例如 Revit、Telka、MagiCAD，与常用的办公软件 Excel、Word、Project 等进行对接集成，实现数据的共享。当 5D—BIM 模型整合了上述模型与相关属性信息之后，我们可以通过其查询工程建设进度、施工图设计、清单报价、合同条款等信息。基于 BIM 技术的 5D—BIM 数据集成平台可以实现对各参与者信息的及时共享和传递，并且为项目施工及时提供管理所需的数据信息，有利于提高施工阶段的精细化管理水平。

### （二）智慧工地

智慧工地是智慧地球理念在工程领域的行业具现，是一种崭新的工程全生命周期管理理念。

智慧工地是指运用信息化手段，通过三维设计平台对工程项目进行精确设计和施工模拟，围绕施工过程管理，建立互联协同、智能生产、科学管理的施工项目信息化生态圈，并将此数据在虚拟现实环境下与物联网采集到的工程信息进行数据挖掘分析，提供过程趋势预测及专家预案，实现工程施工可视化智能管理，以提高工程管理信息化水平，从而逐步实现绿色建造和生态建造。

智慧工地将更多人工智慧、传感技术、虚拟现实等高科技技术植入建筑、机械、人员穿戴设备、场地进出关口等各类物体中，并且被普遍互联，形成"物联网"，再与"互联网"整合在一起，实现工程管理关系人与工程施工现场的整合。智慧工地的核心是以一种"更智慧"的方法来改进工程各关系组织和岗位人员相互交互的方式，以便提高交互的明确性、效率、灵活性和响应速度。

智慧工地的应用价值和意义主要表现在 3 大方面：

1. 有效提升施工现场作业工作效率

"智慧工地"经过 BIM、云计算、大数据、物联网、挪动应用和智能应用等先进技术的综合应用，让施工现场感知更透彻、互通互联更全面、智能化更深化，大大提升现场作业人员的工作效率。

2. 有效加强工程项目的精益化管理程度

"智慧工地"有助于完成施工现场"人、机、料、法、环"各关键要素实时、全面、智能的监控和管理，有效支持了现场作业人员、项目管理者、企业管理者各层协同和管理工作，提高了施工质量、安全、资金成本和进度的控制程度，减少浪费，保证工程项目顺利完成。

3. 有效提升行业监管和效劳才能

经过"智慧工地"的应用，及时发现安全隐患，标准质量检查、检测行为，保证工程质量，完成质量溯源和劳务实名制管理。促进诚信大数据的树立，有效支撑行业主管部门对工程现场的质量、安全、人员和诚信的监管和效劳。

## 二、BIM 技术在"智慧工地"中的应用

（一）智慧工地建设现状

目前，我国智慧工地建设尚处于起步阶段，国家层面的规范制度体系尚未完全形成。住房和城乡建设部于 2016 年 8 月发布了《2016—2020 年建筑业信息化发展纲要》，其中明确指出施工企业要加强信息化基础设施建设，可采用私有云、公有云或混合云等方式建立满足企业多层级管理需求的数据中心。不仅如此，《纲要》还要求施工企业在施工现场建设必要互联网基础设施，同时大力推广使用无线网络及移动终端，通过项目现场与企业管理的互联互通达到强化信息安全，完善信息化运维管理体系，保障设施及系统稳定可靠运行的目标。

各地方政府对于智慧工地建设的推进也在有条不紊地展开。总体来看，重庆市在这一方面走在了全国的前列。2017 年 8 月，重庆市住房和城乡建设委员会印发《"智慧工地"建设工作方案》，成立以市城乡建委领导的"智慧工地"建设工作领导小组，统筹推进"智慧工地"建设工作。方案中明确将整体的建设工作分为三个阶段开展：

第一阶段（即日起至 2017 年 12 月），该阶段主要工作内容包含相关技术标准的研究、信息管理平台建设，以及"智慧工地"试点打造；要求在全市范围内打造至少 200 个"智慧工地"。

第二阶段（2018 年 1 月至 2018 年 12 月），主要工作内容为颁布实施《重庆市"智慧工地"建设技术标准》，同时完成市城乡建委"智慧工地"信息管理平台中相关子系统的建设工作以及"智慧工地"逐步推广工作，实现主城九区、两江新区、经开区、新高区建筑面

积 2 万 m² 以上的房屋建筑工程和造价 2000 万以上的市政基础设施工程均打造为"智慧工地"。

第三阶段（2019 年 1 月至 2019 年 12 月），主要目标为市城乡建委"智慧工地"信息管理平台全面建成运行以及"智慧工地"全面建设。

（二）基于 BIM 技术的智慧工地建设

在传统的施工模式下，整个施工过程中大量信息只能通过人工的方式加以记录与传递，效率不彰。而在 BIM 技术支持下，所有的信息可以以参数化的形式存储在 BIM 模型的数据库中，随时加以读取。因此，基于 BIM 技术的智慧工地的建设可以很好地解决施工现场包含信息传递滞后在内的众多问题，这之中关键又在于整个现场信息传递网络的建构。

1. 智慧工地体系架构

从纵向角度来看，智慧工地应用体系架构包括前端感知、本地管理、云平台处理以及移动应用 4 个方面。前端感知层，顾名思义是用于感知并采集施工现场的各类数据，主要是由各类型的传感器等智能元件所组成。本地管理层将前端感知层所采集的数据进行相关的显示处理，在 BIM 数据库中对相关反馈的数据进行加工分析，及时发现施工过程中的隐患，并及时纠偏。在云平台中，可以利用大数据技术对数据进行统计处理。云平台处理结果可以通过互联网推送到智慧工地 APP，相关管理人员可以依据自身权限来查看施工现场状况和数据进行管理决策工作。

在上述所有构成体系中，智慧工地云平台无疑是整个智慧工地系统的核心，它是依托于大数据及云技术的管理和控制中心。在智慧工地云平台的支持下，施工企业管理人员可以轻松实现同时对不同工地、多个终端的统一协调管理及 APP 实时数据推送。

### 2. 智慧工地实施要点

从技术的角度讲，在建设智慧工地的过程中首先应当非常重视 BIM 技术所发挥的重要作用。BIM 是智慧工地建设的基石，智慧工地的众多功能特点都离不开 BIM 技术作为支撑。然而，BIM 技术在智慧工地建设过程中的作用不应仅着眼于施工现场的建设管理，而是应该贯穿于整个项目全寿命周期中，单纯的 BIM 应用有其一定的价值，但是只有将 BIM 技术与其他技术相结合，从设计、施工、监理乃至运营维护阶段都进行相关的 BIM 模拟，才能将 BIM 技术的价值最大化。

从管理的角度而言，BIM 作为智慧工地的核心，它的应用使得智慧工地模式与传统的施工模式有了显著的差异。BIM 技术从传统的 2D 设计中解放出来，实现 3D 乃至多维，从信息分散到高度集成化，从计算机辅助设计管理到高度的智能化管理，每一样都是对传统建造模式的冲击。因此，智慧工地的建设需要改变传统的管理理念，从以前的比较粗放式的管理模式向精细化管理的方式转变，这就对管理者提出了新的要求。

基于 BIM 技术的智慧工地打造需要各方的共同参与，智慧工地的建设不仅只是施工单位一方的责任，同样离不开建设单位、设计、监理单位的协同。在整个现场施工过程中，施工单位按照建设单位或者设计单位提供的施工设计图进行 BIM 模型的深化设计，添加相关的施工信息，建立施工 BIM 模型，据此指导施工。当设计变更发生后，设计单位应当及时对 BIM 模型进行相应的修正。此外，我们应当注意智慧工地的建设是以实际项目需求为导向，根据项目的整体规划而开展相关系统的设立，因此智慧工地的建设并不是千篇一律的。

（三）BIM 技术在智慧工地建设中的应用困境及对策

BIM 技术在智慧工地建设中的重要性是一致认可的，但现实状况清楚地表明目前 BIM 技术在施工现场应用的频率还是不尽如人意的。造成该情形的原因有很多，大致可以从以下几个角度予以归纳：

首先，从大环境来讲，目前 BIM 技术在应用过程中绝大多数集中于设计环节，设计环节的应用也远远未达到令人满意的地步。对于现场一线工作人员而言，习惯了长久以来自己熟悉的工作方式，要短时间内做出颠覆性的改变是非常不容易的，难免有所抵触。另一方面，基于 BIM 技术所形成的智慧工地体系采用了非常多先进的信息化技术及设备，这些技术及设备对于使用者有一定的要求，对于常年在施工现场的工人可能难以短时间内掌握。

从这个方面来讲，施工一线人员不管是管理者还是施工人员都要及时转变观念，培养自身不断创新的意识与能力，同时要积极学习并掌握一些先进的科学技术，做到与时俱进，这样才不会被这一波建筑信息化浪潮所淘汰。

其次，从技术层面而言，智慧工地是以 BIM 技术为核心而建构起来的，BIM 技术与其他的一些技术的结合是非常重要的。现在许多 BIM 技术人员重点都在掌握 BIM 技术如何使用，但如果把目光放长远一点来看的话，对于 BIM 技术的相关二次开发才更具有价值，通过二次开发可以实现 BIM 技术与更多其他先进技术的结合，开拓 BIM 技术的应用广度与深度，提升 BIM 技术的生命力。但不可讳言的是，这对 BIM 技术人员提出了更高的要求。因此，无论是企业，还是科研院校针对 BIM 技术人才的培养还需要着重下功夫。举个简单的例子，未来施工现场很多劳务工作可能将会被机器人所替代，到时 BIM 技术如何与机器人做好衔接就会是一个非常有价值的研究内容。

再则，从管理角度而言，施工现场各方主体 BIM 技术的开展程度是不一致的，许多看上去不起眼的参与方，比如说劳务分包商、材料供应商，它们对于 BIM 技术的热衷程度并没有期待那么高，但是其对于整体智慧工地建设又是不可缺少的一环。如何提高这些单位的 BIM 使用能力是值得大家思考的。

对于这一点，有必要从制度层面或者政策层面加以规范。因为从经济的角度考虑 BIM 技术对于这类单位并不见得有非常大的收益，因此可以考虑从制度层面加以规范或者从政策层面加以激励。

## 结语

BIM 技术的推广是建筑业未来发展大势所趋，其在项目设计、施工阶段所发挥的作用日益凸显。BIM 在设计优化以及智慧工地建设上有着很多的优势，但要实现真正意义上 BIM 技术的普及还有很长的一段路要走。相信随着政府以及市场对于 BIM 技术的日益重视，上述的各类问题会有所改善。新的更加现代化、信息化的建造模式会在我国取得更好的发展。

参考文献

[1] 马明磊, 李敏. 基于 BIM 技术的智慧工地建设 [J]. 中国建设信息化, 2019 (06)：47–49.
[2] 黄海. "智慧工地 +BIM" 助力施工管理创新 [J]. 施工企业管理, 2018 (12)：66.
[3] 马凯, 王子豪. 基于 "BIM+ 信息集成" 的智慧工地平台探索 [J]. 建设科技, 2018 (22)：26–30, 41.
[4] 丁彪, 刘小威, 黄鑫, 杨刚, 李正飞. 基于 BIM 的智慧工地管理体系框架研究 [J]. 智能城市, 2018, 4 (21)：83–84.
[5] 杨震卿, 曾勃, 王昕. 北京城市副中心 BIM+ 智慧建造的研究 [J]. 建筑技术, 2018, 49 (09)：990–992.

# 采用智能技术全面提升全过程咨询的效率
## ——全过程咨询应用智能技术的初步探索

许俭俭　向阳　潘春雪

**摘　要**：本文提出了采用智能技术提高全过程咨询效率的观点，通过展示所设计的全过程咨询项目智能监控平台功能模块，5个单项技术子平台的功能模块，以及所采用智能技术的功能、原理，可产生的效果，来支持采用智能技术、全面提升全过程咨询效率的观点。

**关键词**：智能技术；监控监管；平台

全过程咨询开展一年以来，坊间偶然出现"穿新鞋走老路"的说法，言下之意就是缺乏新的手段和方法，对能否达到预想的效果表示怀疑。笔者认为，除了加深对全过程咨询精髓的理解外，采用智能技术取代部分传统的执业方式，是一种提升全过程咨询效果的有效途径，也是工程建设管理的发展方向。公司自2009年开始，打造了一支信息技术研发团队，致力于行业智能化的研究和探索，陆续完成了"建设工程质量安全预警系统""建设工程智能安全监测平台"等软件开发，完成了6类32种智能监测仪器设备及智能手环、智能印章管理系统等硬件的研发，并在应用中进行了相对广泛的验证。将这些技术应用于全过程咨询项目，也取得了不错的初步成效。现就我们的做法简单介绍如下，期望得到业内同仁的指教，也期望能够为业内同仁提供些许参考。

## 一、全过程咨询智能监控初级平台功能模块设计

采用智能技术完成部分全过程咨询工作内容，使全过程咨询达到预期的效果，是采用智能技术的目标。将目前能够利用的智能技术作为子平台，使各子平台的技术在项目中进行整合，即成为全过程咨询智能监控初级平台。其中，项目建设方是平台的管理方，直接管理由参建各方组成的全过程咨询项目部。将目前能够采用智能技术的现场工作大体分为8个方面内容，8个工作内容设置7个功能模块，也就是子平台。

## 二、全过程咨询所采用的智能技术简介

（一）采用智能技术对施工过程质量安全实时监控

预控质量安全隐患，确保项目无质量安全事故，是全过程咨询的起码要求，也是最难把控的履职内容。目前的智能技术已经能够做到实时监控、及时发现、区分安全隐患级别、通过计算掌握安全隐患的发展态势并第一时间自动通知相关责任单位。

智能监测其原理是通过安装智能传感器 → 按设定的时间（通常为1~2小时）将采集的信号发送至数据采集系统→数据采集系统将收集到的信号转变为可读数字信号→无线发送至监测平台→平台数学模型自动计算形成曲线或图、

表→曲线峰值达到预警值则自动发送到手机及监测平台。

（二）智能监测功能简单描述

1. 智能监测的硬件介绍

1）位移类传感器：静力水准仪、冻胀计、边坡位移计、顶针位移计、柔性位移计、多点位移计、深部位移计。

2）沉降类传感器：单点沉降计、多层沉降计、裂纹计。

3）应力、应变传感器：埋入式混凝土应变计、锚索计、索力动测计、钢筋计、荷载计、表面应变计。

4）倾斜、倾角传感器：固定式测斜仪（倾角仪）、滑轮式固定测斜仪、剖面沉降计。

5）压力类传感器：渗压计、空隙水压计、土压力盒。

6）其他类传感器：雨量计、温湿度传感器、浊度传感器、噪声传感器、风速传感器。

2. 应用范围

1）房屋建筑工程施工过程深基坑、高边坡、脚手架（高支模）、塔吊等安全监测，以及房屋建筑工程运维过程的健康监测。

2）道路、桥隧工程施工过程安全监测及运维监管、监测。

3）水利工程施工过程安全监测及运维过程监管、监测。

4）地质灾害、旅游设施等其他监测。

3. 智能安全监测应用案例

1）项目统计

据不完全统计，近10年来，共计完成高铁、地铁、铁路、桥梁、隧道、房屋建筑、水利等大型工程项目智能安全监测近400个，如武广高铁、长沙地铁4号线、湖南长张高速、广东港珠澳大桥基础工程、甘肃黄河刘家峡大桥、

哈尔滨天恒山隧道、福建龙岩水库、南水北调工程招远段、内蒙古鄂尔多斯煤矿、山西铝尾矿库、西安机勘院办公楼、张家界智慧城市（试点）、青岛崂山景区、三峡重庆巫山地质灾害监测等。

安全监测工程项目总投资累计超过3000亿元。其中，施工过程安全监测项目约占60%，运维期间健康监测约占40%（如山体滑坡等）。

2）所监测项目安全隐患预警次数统计

所监测的项目中，累计发现458起达到预警级别的安全隐患（业主不同意公开信息的近200个项目除外），其中达到一级预警级别（最严重）的预警55起，二级预警98起，三级预警138起，四级预警167起。

这些安全隐患都因及时预警、发现、处理而得到了有效控制，未发展成安全事故。截至目前统计表明，预警平台监测尚无一例遗漏的安全隐患，所监控的项目无一例安全事故发生。

（三）采用智能手环对项目参建人员信息及履职信息智能化管理

因项目部具有相对独立性，参建各方对现场人员履职状况，历来是各参建单位的难点。现场人员佩戴智能手环，可以实现参建单位对现场人员履职情况全面掌握，大幅度提高监管效果。

1. 采用指纹验证结合远程识别技术，准确识别手环持有者身份。

2. 采用高精度定位技术，可远程查找被管理者的实时位置、智能打卡上岗、不适宜作业时段管理，以及确定伤者位置，提高救援时效等。

3. 个人执业及诚信信息。与手环对应的是手环所有人的身份信息、执业信息及诚信信息，简化对执业人员信息查

询程序，提高执业人员的职业道德观念和责任感。

4. 显示实时身体健康信息。上岗人员的血压、心跳及体温变化情况出现异常情况，平台将实时报警。

5. 紧急事件呼救及通话功能。遇到通信工具失灵等特殊情况，可开启紧急呼救功能。

6. 跌倒、高空坠落报警，提早发现人身伤亡事故。手环安装了陀螺仪，可在监测到跌倒及高处坠落时所产生异常重力加速度时发出报警，从而提早发现事故，及时施救和采取措施。

7. 久静报警，防止员工脱离监管及人身意外事故。如果发现无生理特征信息或者定位长时间静止不变，有可能是手环与佩戴人分离脱离监管，也可能是失去生命特征，将第一时间向主管部门报警，为紧急救治赢得时间。

8. 进入危险区域报警，防范现场人员因工地现场突发安全隐患造成的安全事故。

（四）采用智能印章管理系统，对项目部进行实时监控监管

研发智能印章管理系统，本意是防止传统印章被假冒等风险。采用智能印章管理系统对项目部进行远程监控，是拓展了其功能。拓展的功能包括预防出现审批纰漏，不规范使用项目部印章，人员履职不到位，以及资料不全和遗失、造价资料造假等。不仅能够实现对项目部远程监控，投入的成本也很低。

1. 智能印章功能

1）防止单位印鉴被盗用、被盗及丢失

智能印鉴内设电子锁，即使是印鉴管理员也必须经授权才能开锁，印鉴被盗或丢失也无法使用，不会造成损失。

2）降低管理成本，提升管理效率

系统附带了智能分类软件，在盖印的同时自动存档、归类。每次授权、被授权及所盖印文件内容、盖印时间地点等，都会自动存档、不可更改、永久保存，管理者可随时查阅，方便文件及印鉴管理。

3）防止印章被伪造、克隆

通过简单的对比即可识别文件、证照等所盖印鉴的真伪。将需要辨别真伪的文件、证照内容等与电子档案进行比照，通过对文件格式及内容、签订时间及地点、签章位置、签章授权人及被授权人等多重比照，其中一项与电子档案不符即可判别为伪造。同时，可应用区块链技术，解决法律认可问题。

4）远程监控、监管

具有远程操作功能，监控不受时空限制，使公司对项目部的管理变得非常简单、直接，大大节约了管理成本。

2. 智能印章管理系统拓展到现场项目管理

对于项目部涉及质量、安全、投资需要存档的重要资料，如开工令、暂停令、工程款支付申请表、各类通知单、月报等（可根据项目情况调整），都必须经主管部门审查认可、授权才能盖印，弥补了现场人员专业水平、职业道德水准不足等问题；上级主管部门的检查也更有针对性，大幅降低了项目管理、质量安全巡检成本的同时，提升了检查的时效。

智能印章管理平台对项目现场的管理可接入 OA 系统或者项目管理平台，授权和审批都可在 OA 系统平台操作，和智能印章单独操作效果相同。

（五）采用造价控制平台，提高造价控制的效率和效果

目前，建设项目超概算非常普遍，造价控制作为全过程咨询的主要职责之一，由于缺乏有效手段，常常导致履职非常困难。研发工程造价控制平台，目的是严控项目工程造价，提升造价控制的履职能力，提高履职的时效。平台还处于研发过程中，目前已经能够实现控制工程造价、缩短结算时间等功能。

1. 利用智能印章防造价资料不能伪造以及实时存入平台的功能，确保项目资料真实可信，杜绝通过伪造签名、篡改甚至编造工程资料以提高工程造价的不法行为。

2. 所有工程签证资料在签证时，监理等各方参与人员在签证过程的意见录音录像，并实时发送至平台储存，作为竣工结算的佐证资料。

3. 将工程总造价分为施工图造价及签证造价二部分。在保证工程质量达到设计要求的基础上，将造价控制精细化、阶段化。将施工图造价控制在工程总造价的 95%，签证造价控制在工程总造价的 5%（不可预见费）。从分部分项工程开始，首先是阶段工程不超概算，然后是分部分项工程不超概算，从而实现工程造价不超过工程概算的目标。

4. 分部分项工程实行竣工一项，结算一项，工程决算将各分部分项工程累加即可，从而实现项目整体验收与工程造价决算同步进行。既可保证参建各方当事人能够见证项目的实际情况，也能够最大限度减少因结算滞后带来的人力、物力、财力的浪费；改变工程总造价结论严重滞后于竣工验收的现状。

（六）采用智能技术 +BIM 技术，提升项目运维管理效率

利用智能安全监测仪器设备、监测平台，与 BIM 技术相结合，应用到建设项目运维之中，完全改变了项目运营维修维护的理念。目前能够实现智能化监控的内容包括主体结构不均匀沉降、水电气泄漏、空气环境等 8 个方面，利用 BIM 模型，实现直观、实时、准确把控安全隐患存在点位、发展态势及危险程度等；为维护维修提供准确信息，以及确认维修是否已经消除安全隐患。

（七）其他可用于全过程咨询的智能技术

1. 专项施工方案计算软件的应用

目前，绝大多数房屋建筑工程及市政工程的专项施工方案的计算软件都已经成熟，如脚手架工程、模板工程、临时工程、爆破工程、塔吊计算、降排水工程、起重吊装、冬期施工、混凝土工程、钢结构工程、基坑工程、桥梁支模架、临时围堰、地基处理、顶管施工、垂直运输设施等，既可降低现场人员进行方案复核的难度，也能降低钢筋等材料的损耗率，缩减工程造价。

2. 无人机技术的应用

采用无人机取代现场人员进行巡检、录制现场影像资料，不仅节省了人力，也提高了效果和效率。尤其是解决了人工很难到达位置的问题，这是一个潜力很大的研究方向，目前还没有成熟的技术问世，我们也还处于探索的过程中。

3. BIM 技术的应用

BIM 技术对于提高全过程咨询项目，既可解决施工过程的诸多问题，也是提升运行维护效率的重要技术手段。但目前大多受制于项目的预算，开发深度应用还远远达不到项目运维的要求。

4. 机器人技术的应用

机器人替代人工履职，在建筑领域虽然前景非常广阔，但目前应用还很少，就笔者所知，仅有少数管廊运维在使用功能简单的机器人。主要原因是这方面的研发严重滞后。

## 三、问题讨论

（一）智能技术应用于建筑领域，不仅能降低劳动强度，而且能够有效降低安全隐患，预控安全事故发生，这应该是行业的共识，但为什么不能广泛推广？

建筑行业是传统行业，是劳动力密集型的产业，以人工凭经验履职为主，受到诸多客观因素的影响，无法精准把握安全隐患的严重程度、发展态势等，这也是质量安全事故多发的主要原因之一。对项目的运维，尤其是桥隧等高危项目的运维，人工判断或者人工操作的仪器设备进行运维，如高架桥等，安全隐患更是难以发现。

前面所述几项智能技术，除无人机及机器人技术外，大多已经有广泛的使用，甚至有的技术已经使用很多年了，如智能安全监测技术，又如高铁、地铁已经普遍使用。但我国还没有相应的规范和标准，这是新技术推广的最大限制因素。之前的无锡桥梁侧翻事故，事故分析文章不少，但至今没有进行桥梁运营安全监测的讨论，可见对新技术的科普还远远不够。实际上这类事故无论责任方是谁，追究责任已经于事无补，采用智能技术进行实时安全监控，避免类似事故的发生，才是当务之急。

（二）加大研发适用于建筑领域的智能技术，是行业发展的迫切需要，但为什么并没有形成一种良好的研发态势？

我国的智能技术已经为建筑领域奠定了很好的基础，大多数技术只需要解决移植到建筑业的技术问题即可，如上述提到的机器人技术、无人机技术等。但信息技术行业是无法深度跨越建筑专业的，必须和建筑专业紧密结合才能实现，这也导致了目前行业信息化、智能化水平还远远不如信息技术水平。从目前研发情况来看，依然是形式为主，深入探讨不足；管理为主，适用技术研究不足。笔者无法说清楚原因，只能在此呼吁行业有识之士，利用自身对专业的深刻理解，投身到信息技术的研发领域中，为加速我国建筑业信息化智能化做出贡献！

# 房建工程信息化标准化监理模式的实践总结

## 张时敏

贵州建工监理咨询有限公司

**摘 要**：监理工作的标准化及信息化应用程度，在很大程度上体现了工程监理单位的管理能力和管理水平。本文通过一个房建项目信息化标准化监理工作的实践，探析在房屋建筑工程的施工监理中，充分应用信息化管理手段和标准化规范化的管理要求开展现场监理工作，可以大大改善和提升项目现场监理服务水平，能够很好地满足建设行政主管部门的质量安全履职要求和建设单位的管理要求。

**关键词**：信息化；标准化；监理模式；质量安全；履职；实践

## 一、项目简介

中国铁建·西派府（遵义）一期工程坐落于贵州省遵义市红花岗区共青大道东侧，项目建设划分为 61 号、64 号两个地块开发。其中，61 号地块为洋房户型，64 号地块为高层住宅小区（单体建筑最高为 26 层）。总建筑面积为 179018.2m²（地上面积为 125986.2m²，地下面积为 53032m²）。项目于 2019 年 8 月开工，目前形象进度为主体结构施工。

根据项目规模和建设单位要求，本项目监理机构人员配置如下：

总监理工程师 1 人，土建专监 2 人，水电、市政、安全、造价专业监理工程师各 1 人，监理员 3 人（其中 1 人为信息化管理人员），共计 10 人，项目监理机构专业配置及人员数量满足规范及合同要求。

## 二、信息化应用

在当前大数据时代，贵州建工监理咨询有限公司响应国家住房和城乡建设部、中国建设监理协会及贵州省建设监理协会关于信息化应用的号召和倡导，积极探索通过运用互联网、云技术、数据软件等辅助工具来管理监理工作。通过公司对项目监理工作的管理信息化、项目监理机构对现场的监理工作信息化的"两级信息化"管理，实现工程建设监理的"零距离"管控。

本项目经过近两年在 Gpmis 信息系统、手机 APP 客户端的应用，项目监理人员采用多用户操作，对相关数据随时进行更新、上传，实现项目与公司的"零距离"信息沟通对接。该信息系统已成为公司在项目监理过程中必不可少的工具。

本项目的信息化应用主要体现在以下几个方面：

（一）项目监理机构通过公司信息平台提供的签发类资料、编制类资料、记录类资料、审验类资料以及台账类资料，进行了资料规范性的编审与管理，使杂乱无序的文档、资料、工程图片等得到有序的整理和归集，达到了项目监理资料管理标准化。

（二）本项目运用信息系统提供的WBS 模板进行目标分解及工作分类，工作界面清晰、职责明确，使监理工作有序开展，有效地避免了监理人员互相推诿、扯皮等陋习。

（三）项目监理机构全体人员每周六

上午组织学习信息系统收集的标准规范、图集、分部分项工程监理要点、作业指导等电子文档内容，夯实和丰富了监理人员专业知识，项目3个监理员都达到了专监的专业水平。

（四）项目监理机构在地下室施工阶段，通过登录信息系统，学习和借鉴其他监理项目上传的"地下室底板抗浮问题"处理等工作经验，有效规避了同类问题的发生，少走了弯路。

（五）公司监理中心根据项目监理机构上传的重大危险源（塔吊、深基坑支护、3号楼高大模板支撑体系、悬挑外架）等信息，提醒项目监理机构注意危大工程专家论证情况、编制相应监理实施细则、危大工程验收以及安全管理档案的建立等重大事项。

（六）项目监理人员在深基坑锚索支护时，遇到溶洞不能处理，通过系统在线沟通平台上传至公司，公司专家委员会经过研究分析，讨论出了切实可行的处理方案供项目监理机构参考执行，为项目提供了技术支持。

## 三、标准化管理

住房和城乡建设部为深入开展工程质量安全提升行动，推动建筑业高质量发展，进一步提升了房屋市政工程质量安全标准化水平，制定印发了《工程质量安全手册（试行）》供建筑业企业使用。贵州省住房和城乡建设厅按照《工程质量安全手册（试行）》实施要求，结合本省的实际，也组织编制印发了《贵州省房屋建筑和市政基础设施工程质量管理标准化导则》和《贵州省建筑工程施工安全标准化实施指南》，较为完整地构建了贵州省建设工程质量安全标准化体系。

贵州建工监理咨询有限公司为"保生存、求发展"，在市场竞争中早日走出同质化恶性竞争的沼泽，确定了坚决走"标准化、信息化"管理道路，向社会和广大业主提供"个性化、特色化"的增值服务，并逐步向全过程工程咨询服务迈进。为此，公司不断规范广大监理人员的工程监理行为，强化监理人员"职业化、专业化"程度，加强施工过程质量控制，履行好安全生产管理的监理工作，全面提升监理服务水平，提高业主满意度，推动公司监理业务板块高质量发展，制定了"标准化工作指南"，指导和管理项目监理工作。

"标准化工作指南"内容共分4个板块：现场办公标准化、质量安全履职行为标准化、监理资料管理标准化、监理工作检查与考评标准化。

本项目监理机构定期组织监理人员进行公司标准化的学习，掌握标准化的工作内容和要求，规划阶段确定目标，制定阶段工作计划。

（一）现场监理办公标准化

现场监理办公标准化是贵州建工监理咨询有限公司的一贯做法。现场监理办公场所的布置和监理人员的工作行为，可以从侧面展示公司的管理实力、精神面貌，树立企业良好的外部形象。本项目监理机构根据公司标准化管理要求而布置的上墙资料如下：

1. 项目监理组织机构图。
2. 建设监理工作守则。
3. 总监理工程师岗位职责。
4. 监理工程师岗位职责。
5. 监理员岗位职责。
6. 工程项目监理工作总流程。
7. 工程项目进度控制监理流程。
8. 工程项目质量控制监理流程。

9. 工程项目造价控制监理流程。
10. 主要材料进场检验监理流程。
11. 隐蔽工程验收流程。
12. 施工总平面布置图。
13. 平、立、剖面图（标明梁、柱、板的混凝土标号及层高、完成时间）。
14. 工程施工进度计划图表。
15. 工地主要人员通信录。
16. 晴雨表。
17. 各类台账等。

（二）质量安全履职行为标准化

质量安全履职工作一直是工程监理的出发点和落脚点，也是监理制度赖以存在的基础。根据住房和城乡建设部《工程质量安全提升行动方案》（建质〔2017〕57号）、《关于开展工程质量管理标准化工作的通知》（建质〔2017〕242号）、《住房和城乡建设部关于印发〈工程质量安全手册（试行）〉的通知》（建质〔2018〕95号）、中国建设监理协会、贵州省住房和城乡建设厅的质量安全标准化手册、导则等相关要求，结合公司编制的"建筑工程质量安全监理标准化工作指南"，本项目监理机构积极深入开展工程质量安全提升行动，进一步规范人的质量安全行为，强化过程控制，本质提升工程质量安全监管水平。

1. 质量履职行为

项目监理机构牢记"工程责任重于泰山，细节决定成败；工程质量从源头抓起"的控制原则，以公司编制的"质量履职标准化指南"为指导，开展监理履职履责工作。首先组建项目监理机构，明确岗位职责、进行任务分工，配备满足工程监理需要的检验检测设备和相关标准规范和图集。

1）图纸会审制度

总监组织项目监理人员认真熟悉图

纸,提出并汇总图纸问题,在图纸会审及设计交底会上提交设计方解决,为后期施工扫除技术障碍。

2)施工组织设计及专项施工方案审核制度

总监组织审查施工单位提交的施工组织设计及各类(专项)施工方案,签署审查、审核意见。

3)开工报审制度

协助建设单位积极创造开工条件,督促施工单位做好开工准备,审查工程开工报审资料,条件具备时总监及时签发开工令。

4)工程材料、构配件检验及复验制度

审查用于工程的进场材料、设备出厂合格证、型式检验报告等质量证明文件,现场查验材料外观质量,查验合格即抽样复检。材料复试合格方可准予使用。

5)工序质量(隐蔽工程)检查、验收制度

在施工单位质量自检合格的基础上,及时进行现场检查验收。凡需进行分项工程质量检验评定的,监理应及时评定。所有施工质量未经监理验收合格,严禁进入下道工序施工。

6)混凝土浇灌申请制度

严格执行混凝土浇灌申请程序。对量大、工序复杂的混凝土浇灌工程应同时提交浇灌方案,经专监审查同意后方可按方案实施。

7)施工进度监督及报告制度

审查施工总进度计划及阶段性施工计划,并对计划的执行情况进行跟踪检查。

8)监理例会制度

项目监理机构定期(每周五下午2点)以PPT演示文稿的形式召开监理例

会,并及时起草会议纪要,经与会各方会签后执行。

9)监理月报制度

项目监理机构每月25日前,以纸质及电子文档形式向建设单位报送监理月报(工程质量、安全、进度、造价及监理工作情况)。

10)填写监理日志制度

监理日志作为监理档案资料的基本组成部分,是项目监理机构每日对监理履职工作的真实记录。按公司规定,监理日志由专监填写,总监定期审阅。

11)关键工序、关键部位施工旁站制度

在监理规划的指导下,项目监理机构制定旁站监理方案,对关键施工工序及关键部位的施工实施旁站。

12)材料见证取样制度

项目监理机构按相关规定对进场的施工材料进行见证取样、封样、见证送检(试件设置芯片,见证人员人脸识别)。材料合格后方可使用于本项目,对不合格材料监督其限期撤场。

13)现场质量安全定期检查制度

项目监理机构每天不定时巡查外,专门制定了每周一上午10点进行例行质量检查制度,发现质量缺陷及时书面要求施工单位整改,并做好相应记录,工程实体质量得到有效控制。

14)平行检验制度

根据相关规定及监理合同约定,开展平行检验工作,即要求在施工单位自检的基础上,按照一定的比例进行检查和检测。

15)监理工作周查月检制度

为大力提升现场监理工作质量,公司实行项目监理工作"周查""月检"制度。

周查:项目监理机构每周末开展一

次自查自纠工作,内容包括:"三本"及巡视记录;监理通知单及整改回复情况;原材料报审与试验检测是否与工程同步、资料是否滞后;检验批与隐蔽验收是否与工程同步,资料是否滞后;方案报审是否及时,方案交底及实施情况核查等。

月检:项目监理机构每月末进行一次质量安全履职行为核查,包括市场行为4项、质量履职行为10项、安全履职行为10项等内容。

2. 安全履职行为

项目监理机构以公司的"安全履职工作标准化指南"为指导,根据不同施工阶段和部位设置安全文明施工的控制环节及巡视检查要点,建立了定期各参建单位参加的安全文明施工联检制度和施工平行检查制度,并及时签发工作联系单、监理通知单、召开专题会议解决现场不安全状态和人的不安全行为(如基坑土方稳定性、基坑堆物、群塔作业、脚手架搭设、模板支撑体系稳定性、临边防护、临时用电安全有效性、动火审批与管控等)。

1)督促施工单位落实安全生产的组织保证体系,建立健全安全生产责任制。

2)审查施工单位上报的专职安全管理人员及特种作业人员资格证、施工机械进场报审等,并督促施工单位对新进场的施工班组进行安全技术交底,监理人员参与监督交底内容的宣贯、落实。

3)审查专项施工方案,针对方案内容提出合理性补充、整改意见,保证施工方案的合规性、安全性和可操作性。

4)根据《建筑施工安全检查标准》JGJ 59—2011及贵州省建筑工地扬尘治理有关规定,积极开展安全文明施工专项检查,保证现场安全生产、文明施工。

5）对建筑起重（吊装）机械、临时用电进行检查验收，合格后方可使用。

6）随着工程的动态施工，对施工现场存在的较大安全隐患及影响工程安全施工的因素，及时下发安全监理通知单要求施工单位整改，并监督整改落实情况。

7）项目监理机构积极开展安全事前控制，提前对施工单位进行安全交底，视现场情况对施工单位进行安全培训，交代安全注意事项，力求减少现场安全问题。

8）项目监理机构组织定期安全检查。

9）严格危大工程管理制度。

项目监理机构根据《危险性较大的分部分项工程安全管理规定》（住房和城乡建设部第37号）及《住房城乡建设部办公厅关于实施〈危险性较大的分部分项工程安全管理规定〉有关问题的通知》（建办质〔2018〕31号）、《贵州省住房和城乡建设厅关于印发〈贵州省危险性较大的分部分项工程安全管理规定实验细则（试行）〉的通知》（黔建建通〔2020〕79号）及公司"危大工程安全监理方案"规定，严格危大工程管理，尤其对超过一定规模的危大工程实施重点监控，并指定专人专项监督专项施工方案的实施情况。

（三）监理资料管理标准化

监理工作是工程监理单位提供的咨询服务，形成的无形产品，监理工作是否履职，成效有多大，在很大程度上主要靠监理文件资料来体现。因此，《建设工程监理规范》对监理文件资料的编制、收集和管理做出了明确的规定。

工程监理文件资料的标准化，是推动监理工作标准化的有力抓手，实现监理文件资料标准化管理，既能支撑现场监理工作，也是对监理工作过程的有效监督。

鉴于监理资料是体现监理履职工作的主要载体和评价监理工作成效的重要依据，贵州建工监理咨询有限公司历来重视监理履职过程的痕迹管理，编制了"监理资料管理标准化指南"以指导项目监理机构资料管理工作。

本项目监理文件资料共分为编制类、签发类、记录类、审验类及台账类资料，并按公司信息化管理要求，随时利用Gpmis信息系统进行信息资料的管理。

（四）监理工作检查与考评标准化

贵州建工监理咨询有限公司一贯坚持对在监项目监理工作进行检查与考评，制定了"在监项目监理工作检查与考评管理标准"等管理制度，严格执行项目入场交底制度、首检制度、履职飞检制度、定期检查制度及年终考评制度。检查考评量化实行百分制并与年终经济奖励挂钩，具体考评指标及权重分配如下：

质量履职行为权重占35%；安全履职行为权重占35%；业主满意度评价权重占20%；信息化标准化行为权重占10%。

公司监理中心对本项目监理工作的检查考评得分为91.3分，属优质监理项目，获得公司优秀项目监理部奖，同时获得了贵州省住房和城乡建设厅检查专家的一致好评，也被贵州省建设监理协会评价为达到了省内监理行业领先水平。

## 四、监理成效

项目监理机构通过实施标准化管理和信息化应用等措施和手段，该工程没有发生一起质量事故，工程实体无严重质量缺陷，一般质量缺陷也很少；在安全生产文明施工方面也得到了当地安全监督部门的高度评价，取得了较好的外部评价和监理成效；业主评价方面，在中国铁建房地产集团第三方飞检中连续两年获得贵州区域第一名；建设行政主管部门方面，荣获贵州省"安全文明施工样板工地""质量结构优质工程"称号，下一步即将争创贵州省最高质量奖"黄果树杯"。

## 结语

实践证明，监理工作实行信息化标准化，是行之有效的管理途径，下一步公司将继续加强各项目监理工作信息化标准化的实施与管理，争取使所有在监项目监理服务水平上一个大的台阶，做精做专做强，集聚"全能力"，早日向全过程工程咨询迈进。

# 持续管理创新、高质量品质发展
## ——管理创新在榆林市"三馆"项目监理服务实践

### 龚新波

陕西兵器建设监理咨询有限公司

**摘 要：** 伴随着建筑业日新月异的发展，建筑业也紧跟着国家"一带一路"政策步伐与国际接轨，占领国际市场已经成为整个行业发展方向。现阶段整个监理行业竞争日益激烈，监理的技术、协调、设计、造价等服务水平，已成为衡量监理单位工作水平的重要标准。

## 引言

现有的监理服务远远适应不了新形势、新机遇、新挑战，因此国务院发布了《国务院办公厅关于促进建筑业持续健康发展的意见》（国办发〔2017〕19号）倡导"持续健康发展"政策方针，优质的监理服务呼之欲出，陕西省也相继出台了一些文件（1007号文、1118号文等）进一步探索引导监理行业转型升级新思路、新方法。整个监理企业现在正处于转型升级的关键阶段，只有管理创新，持续发展，才能占领先机成为行业标杆。

## 一、创新有路、管理有方

立足行业实际，管理创新，积极主动，努力开拓"服务有力、管理有方、创新有路、服务到位"的监理工作的新局面。高质量服务与创新管理相结合，进一步提升监理高品质发展思路；管理提升与服务引导相结合，进一步促进监理企业可持续发展；自身建设与市场相结合，进一步加强团队、品牌树立；展示形象与服务水平相结合，推进监理企业模式改变；固本强基与创新创优相结合，进一步提升监理服务水平。

### （一）管理模式创新

国家一直在大力推行装配式建筑、绿色建筑、海绵城市等新型建筑模式，而原有的工程项目管理模式、管理理念和方法已经不能满足市场需求。我们只有借助企业自身的招采部门、造价管控、现场精细化管理的先天服务优势，积极开展创新式管理、精细化管理，提升服务质量，培养一支紧跟客户需求，具有复合性专业知识和丰富管理经验的监理服务队伍，才能提高企业可持续发展能力，增强市场竞争力。

紧扣"创新管理手段、精细化执行"的工作思路，突出"精细思维"和"创新管理"两条主线，主动适应监理企业发展的新常态，充分发挥监理在项目建设发展中的作用，进一步强化服务意识，拓展服务领域，改进服务方式，提高服务本领，努力做到全方位、全过程为业主服务。在实施过程中围绕全过程、无缝隙管理，形成环环相扣的管理链，严格遵守技术规范和行业规程，优化各工序施工工艺，克服各个细节质量缺陷，确保工程质量达标准。由管理精细化到施工精细化再到创新精细化，实施精细化管理成为实现质量、安全、工期等建设管理目标的必由之路。

### （二）过程中探究、创新式管理

监理是在项目建设实施阶段主要管理者，是项目管理的执行者，也是项目现场信息传递者，是现场移动摄像头，依靠对监理的创新式管理的过程，才能将项目管理创新式管理思路、措施、要求传达落实到项目实施工程之中，以实现项目创新式管理的终极目标。

## 二、案例解析

榆林市"三馆"项目位于陕西省榆林市高新区。由博物馆、图书馆、展览馆3部分组成，总建筑面积22.26万 m²，地上4层、地下1层（局部2层）。本项目是展示榆林城市历史文化风貌、丰富市民文化生活、提升市民素质的综合平台，是补齐榆林城区公共文化建设短板的重要行动，是全方位、多角度展现榆林魅力的"城市会客厅"和"城市金名片"，是榆林城市发展史和公共文化设施建设史上的里程碑。

（一）组织结构模式创新

1. 难点

由于项目规模大、技术复杂、合同多、管理层次多，决定了整个项目组织架构的特殊性和复杂性。

作为该项目负责人从项目前期介入，多方调研项目目标、建设难点、重点。在招投标阶段通过踏勘现场，调查项目现状，调整工作思路，采用"融入式"管理模式全面融入建设单位的组织机构中。

从监理组织机构、监理人员、监理行为、监理成果4个方面入手管理。将监理工作范围、权力责任具体化、明确化，通过WBS任务分解将管理目标任务落实到位。全面提升工程建设质量和效益，巧妙运用公司招标业绩、监理、造价咨询、司法鉴定先天优势，引进BIM、无人机勘察等技术，提高监理服务的品质，打造属于兵器监理的优势。

2. 创新点

组织架构创新到业务创新。结合公司业务进行融合式管理模式，建立有效畅通的协作机制，成立专项工作小组；从企业层面牵引项目监理业务，统筹各专业部门优化资源配置，根据业务需求为全过程咨询提供咨询管理，强调专业化和业务衔接，提高监理服务效率和效益。

（二）严细认真、安全把控

1. 难点

深基坑、多功能、不规则形状、高支模体系，且项目处于市中心，周边交通压力大，日常管理人员和工人在1500人左右，现场危险源多，安全不确定因素多。

监理部设立专业团队，在云平台上建立云建造质量、安全巡检系统，过程管理的问题通过系统软件PC端上传、整改、复查等，构造一个信息共享、集成的、综合的工地管理和决策支持平台，实现经济和社会效益的最大化，实现信息化生产管理及精细化管理，提升安全管理工作效率。

2. 创新点

全员参与安全管理，进行安全系统管理，进行动态管理，提高管理效率，实现信息化安全管理，安全管理无死角。

（三）讲求质量、规范管理

该项目质量目标要求争获"鲁班奖"。项目难点包括土建大跨度，预应力混凝土，异形结构，机电安装综合管线排布复杂，钢结构悬挑、提升，幕墙安装单曲面、双曲面，智能化系统复杂；消防电气、电梯、景观绿化、室外照明、设备设施等多个专业系统施工，其中各专业施工整体功能齐全、质量品质要求极高。

质量管理贯穿始终，程序和材料控制是质量管理的关键。确定质量目标、

控制对象，规定控制标准、制定控制方法、明确检验手段，制定行之有效的管控措施，对实施过程的原材料、施工工序、工艺、半成品和成品质量进行检验。对没有差异性的质量问题，分析原因、制定对策、实施控制，使工程建设产品主控项目、一般项目全部达到国家标准和施工合同文件的要求。

监理部具体采取措施如下：

1. 施工前期监理内部质量控制资料的内部讨论。

2. 监理质量监理工程师资历与施工质量负责人资历评审。

3. 监理规划与施工组织设计的评审。

4. 监理实施细则与施工方案、施工措施的评审。

5. 设置质量控制点对工程质量进行预控。

6. 现场巡视、参加主要工序（或主要材料进场）验收。

7. 监督现场质量控制履职情况如施工中项目管理部对质量控制资料的内部讨论。

8. 重点落实事前资料控制：在各道工序施工前对实施展开的资料进行审核，组织监理内部讨论交流，汇总意见，将质量管理工作做到最优、最合理化。对施工单位管理主要对施工质量体系、质量方案、质量管理人员及材料进行审核，结合监理规划与施工组织设计的审核，编制监理实施细则，做到施工方案、施工措施、检查验收3个方面工作互相促进。

9. 设置质量控制点对工程质量进行预控。

确定工程重点控制对象、关键部位和薄弱环节，预判分析可能造成质量问题的原因，针对原因制定对策进行预控。

质量主控点的设置根据各单项工程的特点，抓住影响工序质量的主要因素。在本工程的质量控制中，将选择下列对象作为质量主控点：

1）施工中的薄弱环节，或质量不稳定的工序、部位或对象，特别对受气温影响的工序。

2）对后续工程施工或后续工程质量或安全有重大影响的工序、部位或对象。

3）采用新技术、新工艺、新材料的部位或环节。

4）施工上无足够把握、施工条件困难的或技术难度大的工序或环节。

5）现场巡视、参加主要工序（或主要材料进场）验收。

现场巡视，是质量管理者最直观的管控途径，通过现场巡视，可以动态了解到监理现场质量控制履职情况及施工质量保证情况，主要从现场质量控制履职情况、现场质量缺陷处理两个方面进行管控。

6）质量管理成果统计与借鉴。

及时对日常的质量记录台账管理，对统计结果进行分析、处理，在类似工序施工时，避免问题再次出现。

7）BIM技术的应用。

项目应用BIM技术，优化图纸，实施模型交底，进行碰撞检测，动态浏览模拟，质量可视化，实现模型和施工相结合。

8）创新点：确定质量管控目标，建立全面质量控制体系，强化质量管理人的履职意识，监督承包人自检体系的管理，热情服务，预先管控，事前管控，严格做好中间的质量检验及现场质量验收，搞好工序监测，严格进行开工报告的审批，预防质量通病的产生，杜绝质量事故。牢记自己的责任，确保工程质量创优，总结经验，吸取教训，逐步摸索、完善优化质量管理体系，提炼出一本高标准、高质量的行业实用质量管理手册。

（四）进度策划、全程跟踪

1. 难点

合同工期约定850日历天，项目前期属于"三边"工程，项目选址在原有项目上建设，工期紧，任务重。

监理部编制总控制进度计划，设立里程碑节点。由监理部期初、期末现场核对，尤其对周进度、月进度、季度进度、年进度重点审核，利用科学管理方法进行进度计划与实施及纠偏。

如项目计划过程中，编制项目进度计划：①WBS（工作分解结构）分解；②添加合理的逻辑关系；③估算各项工期并分配相应的资源等内容。按照WBS方法分解得到的不同单元间逻辑关系再编制项目的实施方案，同时精确预测每个单元所需的工期时间，从而得到完成整个项目所需的总体时间。根据项目特点，按照进度计划编制的步骤与原则，采用Excel表绘制项目总进度横道图。

2. 进度计划检查

在实施进度计划的过程中应进行下列工作：跟踪检查，收集实际进度数据；将实际数据与进度计划进行对比；分析计划执行的情况；对产生的进度变化，采取相应措施进行纠正或调整计划，检查措施的落实情况；进度计划的变更必须与有关单位和部门及时沟通。在对进度目标实施监督与控制、进度管理时用以下几种常规的检查和比较的方法，以便评价进度计划执行状况或将来执行状况与计划目标的偏差。

例如，图1是项目的进度计划和检查的"S"曲线图。该图是应用Excel制作而成，图中平滑曲线为计划的"S"曲线（深色），浅色线为实际完成的累计工作量曲线。由图可以看出实际进度远低于计划进度。表1为工作进度工作量统计表。

3. 创新点

采用PDCA的原理对榆林三馆项目的进度计划分析总结。找到问题根源：施工组织不当、窝工，地方材（砂、石）供应脱节，为主要影响进度的因素。并提出了经济措施，通过资金加快进度，为以后工程提供借鉴。

（五）融合式合同管理

1. 难点

合同参与方信息传递路线长，合同管理难点系数大。

传统的工程合同管理模式是分散式的，合同与合同、参与方之间的信息互

| 时间 | 工作量累计表 | | | | | | | | 表1 |
|---|---|---|---|---|---|---|---|---|---|
| | 2020年 | | | | | | | | |
| | 4月 | 5月 | 6月 | 7月 | 8月 | 9月 | 10月 | 11月 | 12月 |
| 周期 | 1 | 2 | 3 | 4 | 5 | 6 | 7 | 8 | 9 |
| 计划安排 | 0.49% | 3.89% | 5.91% | 6.39% | 7.64% | 8.21% | 8.23% | 8.08% | 4.91% |
| 计划累计 | 0.49% | 4.38% | 10.29% | 16.68% | 24.32% | 32.53% | 40.76% | 48.84% | 53.75% |
| 实际完成 | 0.48% | 1.23% | 1.62% | 1.74% | 1.91% | 1.26% | 1.06% | | |
| 实际累计 | 0.48% | 1.71% | 3.33% | 5.07% | 6.98% | 8.24% | 9.30% | | |
| 当月偏差 | −0.01% | −2.66% | −4.29% | −4.65% | −5.73% | −6.95% | −7.17% | | |
| 累计偏差 | −0.01% | −2.67% | −6.96% | −11.61% | −17.34% | −24.29% | −31.46% | | |

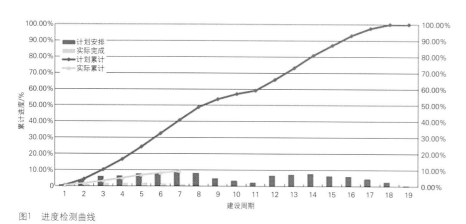

图1 进度检测曲线

通滞后甚至出现沟通误差，而且缺乏有效的监管，忽略了重要的合同过程管理。

基于BIM、区块链、大数据下的工程合同管理构建的信息集成平台，能理清责任体系，在工程建设的每个阶段、每个参与方都能及时共享信息，并且在工程建设中，无论是前期合同的审查还是中后期的合同进度管理都可提供较好的支撑，发挥了强力的监管作用，提高了工程项目管理的效率。

2.创新点

高科技的融合，对各参建单位的合同进行梳理，明确各合同的任务，合同履行中的风险点，并进行动态管理，形成问题清单，逐一消除合同管理中难点。通过合同融合管理必然会强有力地提升合同管理的效率和质量。

（六）以造价控制、落实各项措施

1.难点

本项目空间结构高、施工工艺复杂、异形结构多，现场造价变量大，已发生签证、变更造成费用增加。

施工阶段的造价控制是整个项目投资的落实阶段。项目实施过程中，明确工程费用最易突破的部分和环节，预测工程风险及可能发生索赔的原因，制定针对性防范性对策，避免或减少变更、

签证、索赔等影响造价目标控制的事件发生。

监理造价管控人员通过各阶段的计量和计价，了解图纸的变化情况，编制施工图变化的情况报告，及时为业主的现场精细化管理提供有力依据和支撑。无论是设计变更、现场签证还是索赔等，最终都落实到工期、费用上，工期索赔势必增加赶工费，工作量增加势必增加工程费用等，各项费用详细统计，汇报建设单位，并提供可行性意见。

2.创新点

监理造价工程师通过造价审核，抽丝剥茧地剖析问题，提出审核意见，可有效地解决建设单位和施工单位分歧，保证项目如期按时竣工。

（七）信息化管理，提升精细化服务

1.难点

本项目属于大型综合公共性建筑，信息传递方多，路径长，无法统一管理，传递过程中存在失真现象。

在监理实施过程管理中任何过程都是信息处理的过程，所处理的信息量越大、越准确、越及时，体现的管理效能也就越大，而信息管理系统突出的优势就在于此。所以，我们要想实现精细化的管理目标，信息化管理系统将是监理

服务中实现精细化管理的重要手段。它将助推监理管理从粗放管理走向集约管理，并在集约管理中生发出精细化管理。

监理部通过全面布局管理、日常工作信息化管理同时，以精细化管理和全方位服务为出发点和着力点，大力发挥信息化服务管理作用，提高办公、项目建设效率，便捷信息查询。

1）实现了专业化管理。

2）加强学习培训。全员参与，整体带动，全员学习提高。

3）加强制度化管理，对在日常项目建设和信息化管理中发现的问题及时提出并落实整改。

4）升级知识管理模式和体系。

2.创新点

通过信息管理系统信息的集成和共享，实现将关键准确的数据及时传输到相应的决策人手中，为项目建设的决策和实施提供数据。

（八）延伸服务、设计管理

1.难点

项目启动阶段紧迫，草草立项，实施期时间紧、任务重。在设计单位内部土建、安装分家，二次深化方案不明，设计出图缓慢，进一步制约施工现场，进而导致各单位工作开展迟缓，很多问题持续堆积无法及时解决。

1）设计阶段拆分，既增加了设计界面，又让设计界面交叉且相互影响

监理部抽调技术骨干对深化二次设计进行全面的参与。要求减少频繁返工、误工、违规现象，特别是专业独立、甩项设计、施工私自修改变更成为设计管理的重灾区。依靠融入式管理模式，笔者代表建设单位第一时间与设计院、施工单位技术负责人协调，凭借监理部技术力量，明确设计界面，找出设计优先等级。

对设计内部工作界面的重组，改变了设计方内部工作流程结构。这样导致设计方内部沟通外化，成为新的设计管理内容（图2）。

如将项目主体施工图设计拆为基础、地下室和地上三部分。出于自身考虑，设计院不提供图审合格的基础施工蓝图，只提供电子版。在监理部介入下，采取措施确保图纸的法律效力，如电子签章等，推进基础施工开展。

2）归口管理，投资管控

技术质量组按照监理部设计目标进行内部协作和外部协作。避免多头指挥、权责不清和相互推诿，这才是设计管理部"分内之事"，监理部是设计管理的归口单位，成为控制设计输入和输出的关口。

所有设计诉求及设计输入必须经过监理部传递给设计方，所有的设计输出及设计条件要求必须经过监理部输出给相关部门。一方面，以建设单位利益和项目整体利益为度量标准，对庞杂纷乱的设计输入进行筛选过滤，保护设计进度、质量和投资等不受"无效或低效设计输入"的干扰，为设计"把门守关"。另一方面，以政府职能部门评审、审图公司审核、造价部审核和设计咨询建议为抓手，从合法合规合理、技术可行性、功能价值、整体效益、工期、投资等方面对设计输出层层"盘查"，保护项目进度、质量、安全和投资等不受"无效或低效设计输出"的影响，成为项目建设的"防火墙"。

2. 创新点

设计阶段划分界面、拆分设计内容、优先等级，加快项目设计出图。

## 结语

监理企业的新一轮改革已经开始，新时代的信息技术日新月异，企业管控手段趋向数字化、集成化、网络化。依靠传统的监理管理理念、方法已经落伍，监理企业需要适应变化，不断跟进创新，否则将在这场竞争中落伍。监理企业应高度重视持续的管理创新，把监理企业内部各层级的管理创新工作组织好、推动好，明确管理创新的战略目标和重点区域、统筹规划，逐步形成监理多方面创新模式，增强监理企业内部管理创新驱动力；以技术创新为主轴带动管理创新发展，通过数字化、信息化等手段持续推进监理企业更快、更好地发展。

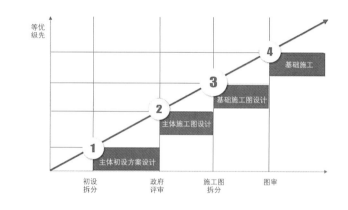

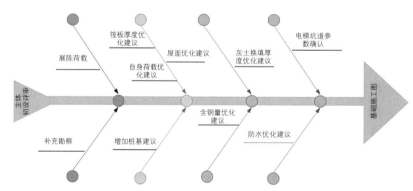

图2 设计界面拆分重组示意图

# 对合同约定以审计结果作为竣工结算依据的内容解读和应对措施

樊江

太原理工大成工程有限公司

**摘　要：** 很多市政项目中签订的监理合同约定了以审计结果作为结算依据。中国建筑业协会就此现象致函全国人大常委会法工委，全国人大常委会法工委复函要求对地方性法规和政府规章中现存的此类条款内容予以纠正。本文通过对出台该复函的背景分析、双方合同中约定以审计结果作为竣工结算依据的合法性和合规性分析，以及监理方在面对不公平审计结果可以采取的救济途径等方面，即从多方面、多角度来理解该复函的内容含义以及相关影响，希望能为监理方在面对该项合同条款时提供一些借鉴和参考。

**关键词：** 监理合同；审计；结算依据；竣工结算

　　监理合同双方约定以审计结果作为竣工结算依据，这种格式条款在很多监理合同中屡见不鲜。2017 年 6 月 5 日，全国人大常委会法工委在回复中国建筑业协会做出的一个书面回复函件（以下简称复函）中明确指出："地方性法规中直接以审计结果作为竣工结算依据和应当在招标文件中载明或者在合同中约定以审计结果作为竣工结算依据的规定，限制了民事权利，超越了地方立法权限，应当予以纠正。"很多人看到此条款后，认为以后合同中不得约定以审计价格为准，甚至有人认为以前约定是无效的。笔者就以上存在的一些问题进行阐释，希望能给读者提供一些参考和借鉴。

## 一、纠正地方性法规中直接以审计结果作为竣工结算依据和应当在招标文件中载明或者在合同中约定以审计结果作为竣工结算依据的规定的背景

　　针对实践中很多施工合同双方在合同中依据地方法规和政府规章规定的"以审计结果作为竣工结算依据"的现象，中国建筑协会作为建筑行业的代表，依据《立法法》第九十九条提出审查建议，该条款规定："前款规定以外的其他国家机关和社会团体、企业事业组织以及公民认为行政法规、地方性法规、自治条例和单行条例同宪法或者法律相抵触的，

可以向全国人民代表大会常务委员会书面提出进行审查的建议，由常务委员会工作机构进行研究，必要时，送有关的专门委员会进行审查、提出意见。"

　　2017 年 6 月 5 日，全国人大常委会法工委经过充分调研和征求意见，最终出台了上文中提到的复函。复函要求对现行地方法规中存在的直接以审计结果作为竣工结算依据和应当在招标文件中载明或者在合同中约定以审计结果作为竣工结算依据的规定予以纠正。该复函发布以来，已经有多地据此对现存的地方性法规和规章进行了纠正和调整。比如，北京 2017 年 9 月 22 日通过的《北京市人民代表大会常务委员会关于修改〈北

京市审计条例〉的决定》将第二十三条修改为："政府投资和以政府投资为主的建设项目纳入审计项目计划的，建设单位可以与承接项目的单位或者个人在合同中约定，双方配合接受审计，审计结论作为双方工程结算的依据；依法进行招标的，招标人可以在招标文件中载明上述内容。"2017年11月23日通过的《上海市人民代表大会常务委员会关于修改本市地方性法规的决定》对《上海市审计条例》的修改，将第十四条第三款修改为："政府投资和以政府投资为主的建设项目，按照国家和本市规定应当经审计机关审计的，建设单位或者代建单位可以在招标文件以及与施工单位签订的合同中明确以审计结果作为工程竣工结算的依据。审计机关的审计涉及工程价款的，以招标投标文件和合同关于工程价款及调整的约定作为审计的基础。"

## 二、双方合同约定将审计结果作为结算依据的合法性和合规性分析

复函中的意见是指在地方性法规和政府规章中规定不得直接将审计结果作为竣工结算依据，也不得在招标文件以及合同中约定以审计结果作为结算依据。也就是说，地方法规和政府规章中不得要求以审计结果作为竣工结算的依据，但双方在合同中自愿约定以审计结果作为竣工结算依据的条款依然是合法有效的。地方性法规和规章不得对此类约定提出要求，合同双方当然也不得以此为依据来要求合同中约定以审计结果作为竣工结算依据。依据《立法法》第九十三条，法律、行政法规、地方性法规、自治条例和单行条例、规章不溯及

既往，但为了更好地保护公民、法人和其他组织的权利和利益而作的特别规定除外。以前双方合同约定了以审计结果作为结算依据是继续有效的。

该复函内容明确了审计作为行政监督手段与当事人之间的民事法律关系性质是不同的，以审计结果作为竣工结算依据属于民事的意思自治内容。这一点，在很多司法实践中也得到了印证。比如，《广东省高级人民法院关于审理建设工程施工合同纠纷案件若干问题的意见》（粤高法发〔2011〕37号）规定：（二）当事人已对政府投资项目进行结算的，应确认其效力。财政部门或审计部门对工程款的审核，是监控财政拨款与使用的行政措施，对民事合同当事人不具有法律的约束力。发包人以财政部门或审计部门未完成竣工决算审核、审计为由拒绝支付工程款或要求以财政部门、审计部门的审核、审计结果作为工程款结算依据的，不予支持。但双方当事人明确约定以财政部门、审计部门的审核、审计结果作为工程款结算依据或双方当事人恶意串通损害国家利益的除外。另外，在《四川省高级人民法院关于审理建设工程施工合同纠纷案件若干疑难问题的解答》（川高法民一〔2015〕3号）中规定：政府投资的建设工程施工合同结算纠纷，发包人主张以政府审计部门审计结果作为工程造价结算依据的原则上不予支持，但当事人在合同中有明确约定的除外。在《全国民事审判工作会议纪要》（法办〔2011〕442号）也规定：依法有效的建设工程施工合同，双方当事人均应依约履行。除合同另有约定，当事人请求以审计机关作出的审计报告、财政评审机构作出的评审结论作为工程价款结算依据的，一般不予支持。

## 三、监理方认为审计结果不公平时的救济途径

（一）合同约定"以审计为结算依据"的条款内容需要明确约定而不能推定，否则该条款属于无效条款。在实践中，审计有多个部门单位组织的多种审计形式。比如有政府财审部门组织的政府审计，有评审中心组织的评审审核，有企业上级主管部门组织的企业审计，有跨地区跨部门组织的交叉审计，有政府部门组织的专项审计，有企业内部组织的内部审计，还有第三方社会机构组织的价格评估和司法部门的价格鉴定。以上各种审计形式，均具有审计的含义和性质，而合同中仅约定以审计结果作为结算依据，该条款可以视为约定不明确，而对于该条款约定不明确，司法实践中也不支持据此推定为应是国家行政机关进行的政府审计。司法实践中，在《中华人民共和国最高人民法院公报》2014年第4期（总第210期），案号：（2012）民提字第205号，最高院公报案例重庆建工集团股份有限公司与中铁十九局集团有限公司建设工程合同纠纷再审案中，最高院认为："根据审计法的规定，国家审计机关的审计系对工程建设单位的一种行政监督行为，审计人与被审计人之间因国家审计发生的法律关系与本案当事人之间的民事法律关系性质不同。因此，在民事合同中，当事人对接受行政审计作为确定民事法律关系依据的约定，应当具体明确，而不能通过解释推定的方式认为合同签订时，当事人已经同意接受国家机关的审计行为对民事法律关系的介入。因此，重庆建工集团认为分包合同约定了国家审计机关的审计结论作为结算依据的主张，缺

乏事实和法律依据。"从最高院的这个观点看出，民事合同中约定的审计主体必须明确、具体。

（二）监理企业面对不公平的审计结果时，可以通过寻求行政复议或者行政诉讼的方式进行救济

双方合同明确约定以政府某部门的审计结果作为计算依据时，现实中往往会在认定结算结果时出现很多分歧，比如对于监理过程中的工程量增加、工期的延长一般通过补充协议、会议纪要等方式体现，而这些内容往往还受制于施工单位工程量的认定、设计院的设计变更文件、现场签证的认定等因素制约，这些因素进场会导致审计结果不公平或者审计期限的无限期延长。

面对不公平的审计结果，监理企业可以依据《中华人民共和国审计法实施条例》第五十三条：除本条例第五十二条规定的可以提请裁决的审计决定外，被

审计单位对审计机关作出的其他审计决定不服的，可以依法申请行政复议或者提起行政诉讼。还可以依据《中华人民共和国行政复议法》第九条：公民、法人或者其他组织认为具体行政行为侵犯其合法权益的，可以自知道该具体行政行为之日起六十日内提出行政复议申请。根据《中华人民共和国行政诉讼法》第二条：公民、法人或者其他组织认为行政机关和行政机关工作人员的行政行为侵犯其合法权益，有权依照本法向人民法院提起诉讼。前款所称行政行为，包括法律、法规、规章授权的组织作出的行政行为。

（三）监理企业可以通过启动司法鉴定程序来调整审计结果

如果监理企业认为审计报告出具的审计结果是不公平的，可以通过民事诉讼途径来启动司法鉴定程序进行救济。比如，《全国民事审判工作会议纪要（2015年4月征求意见稿）》第49条第二款规

定："合同约定以审计机关出具的审计意见作为工程价款结算依据的，应当遵循当事人缔约本意，将合同约定的工程价款结算依据确定为真实有效的审计结论。承包人提供证据证明审计机关的审计意见具有不真实、不客观情形，人民法院可以准许当事人补充鉴定、重新质证或者补充质证等方法纠正审计意见存在的缺陷。上述方法不能解决的，应当准许当事人申请对工程造价进行鉴定。"

综上所述，监理公司面对建设单位在签约时要求合同中写明"以审计结果作为结算依据"时，我们应该向建设单位阐明现行地方法规和政府规章已经不再要求必须将审计结果作为结算依据。合同中如果约定以审计为结算依据，应该写明具体审计主体是谁，审计截止时间是什么时候。如果审计报告的结果不公平，监理单位应该积极通过民事诉讼、行政复议、行政诉讼等途径进行救济。

# 互联网时代 推进监理工作改革

李湘 尹跃峰

太原理工大成工程有限公司

**摘 要：** 互联网为代表的信息时代有效促进了项目监理工作的日常管理，提高了项目参建各方对监理工作的认知，亦为项目内部监理人员经验交流和信息沟通提供了高速通道。本文通过对监理企业在实际操作中应用互联网推进监理工作的改革进行详细阐述，按步骤多方配合达到工程问题早发现、早通报、早控制的目的，实际操作层面的解决办法对今后的监理工作有较强的指导作用。

**关键词：** 互联网；监理；信息化；效率

太原理工大成工程有限公司在使用互联网平台进行工作信息化的过程中，监理人员工作能力和效率得以显著提高，公司的管理层和监理项目部之间的信息交流得到显著加强。通过总结本公司互联网运用的成长历程，以及借鉴相关单位的经验，将监理工作透明化、信息化，与时代新技术接轨。

## 一、信息化工作实施成果

近年来，公司加强了信息化工作，在刊物数字化与网站文化建设、日常监理工作网络制度化、网络软件推广层层深入等方面取得了一定的成绩。

（一）刊物数字化与网站文化建设

《太工大成》是公司的内部刊物，自2000年创刊，至今出版近500期，从最初的印刷版发展到电子版，更加方便人们的阅览与交流，内容也逐渐充实，得到公司职工和省内同行的肯定，连续多年荣获"山西优秀监理刊物"的称号。又如太原理工大成工程有限公司网站自2011年投入使用，经过近9年的运行，不断完善网页版面和版块设置，目前已有的栏目有：企业风采、新闻中心、业务领域、工程案例、企业优势、企业文化、人力资源等。网站不仅展示了企业文化建设、公司的日常管理制度，也给职工信息交流提供了平台，尤其在项目信息可读性方面效果突出。网站自开通以来，公司管理人员和项目监理人员积极参与投稿，内容充实，受到同行业人士的称赞，该网站连续8年荣获"山西监理企业优秀网站"荣誉称号。这些荣誉都是公司积极探索新技术应用开展监理工作而取得的重要成果，亦为公司的发展开拓了新的视野与发展途径。

（二）日常监理工作网络制度化

通过监理工作网络信息化也有助于公司对于项目工作的监督与管理。2016年初，公司对项目监理部检查工作过程中，发现部分项目的"监理日志"在反映实际监理的工作情况中存在不足，许多项目背离管理体系要求。公司经过多方研讨后决定对项目监理部的管理要以项目"监理日志"为抓手，通过运用互联网中相关软件，结合过程检查，加强对项目总监和项目监理部的管理工作。因此，这项工作列入了当年公司管理层的首要任务，组建专职管理机构、制定管理规程、抽调人员编制培训教材、分批次对全员进行岗前教育培训和卷面考试等。在两个多月的时间里全部完成相关工作任务。工作初期，公司抽出 10 个典型项目进行摸索起步，发展到半年后 100 余个在建项目全部进入网络监督运行阶段。公司定期组织管理例会，总结经验完善制度。主管领导与管理人员、项目总监、项目监理人员加强沟通配合，持续改进相关机制，使公司通过互联网平台对项目总监、项目监理部和项目"监理日志"的管理工作质量不断提高，为项目规避安全质量风险提供了强有力的保障措施，提高了各层次管理的工作效率，这项举措运行实施使公司所属项目总监和业务骨干提高了认识，也得到了相关业主和社会同行的好评。

（三）网络软件推广层层深入

公司重视互联网在监理工作中的应用，将软件推广至所属部门和项目监理部，为督促各部门使用相关软件开展监理工作奠定了基础。通过网络软件使信息更加畅通，使监理质量监管和对施工单位安全生产管理工作能够实时控制，从而不断规范从业人员执业行为。充分利用信息化"互联网 +"监理产品做好资料审核、旁站、巡视和平行检验等工作，不断满足社会、行业和业主的需求，实现监理工作新突破，实现监理工作价值。此外，信息化工作的高效率开展与公司领导的重视密切相关，公司董事长对刊物创办、网站运营、监理监督、软件推广应用都非常重视，协调公司各部门、各项目部积极组建专职机构、调配管理人员、加大投入、更新设备、制定政策等，在重大问题上果断决策，使得监理工作网络制度化有条不紊地不断向前进行。

## 二、信息化工作实施构架

公司网站本着内容实、信息新、更新快的原则开拓完善网络空间，公司管理层和项目总监、监理人员皆为受益群体。

（一）公司监理人员学习交流

公司的监理人员通过浏览网站，及时了解和掌握公司和行业最新工作动态，员工们也能及时通过网站向公司反馈好的建议和提供有关信息。在公司的管理工作中使用互联网相关软件，简化了盖章程序，通过互联网软件相关人员申报内容和图片上传，各级领导逐级审核通过后，只用了过去十分之一的时间就完成了工作任务。在查阅栏目设置的公告、强制性条文、国家标准规范、审批文件、电话会议等内容方面，各级人员从中及时获得最新的信息，用来指导和开展项目监理工作。软件的其他应用内容如视频会议、智能报表、体验站、走路运动等内容方面也得到很好的应用。

（二）公司管理层对项目总监监督管理

公司管理层和项目总监频繁使用软件进行"监理日志"上传工作，每日项目的人员上岗和监理人员的工作安排情况、项目的概况、监理人员巡视检查、处理结果的反馈，下发的监理通知单和收到的回复单的情况，当日审批施工方案和编制监理细则及执行的情况、召开会议等项目重大事宜情况，通过总监或授权人将审核后日志拍照在次日上午 10 点前通过互联网、微信和相关软件上传至公司情报管理员，特殊情况及时与公司管理员沟通解决。公司管理人员如对传回的日志有疑问，就通过软件或打电话反馈到项目总监或授权记录人后进行了解和修正。项目总监填写和上传日志，必须对项目每日监理工作充分地掌握并了解监理人员工作的情况，才能将日志的内容填写翔实和清楚，达到合格的要求。因此，此项工作间接地督促总监要

了解和掌握项目的情况并加强管理工作。同时，也督促现场监理人员每日只有敬业工作，才能将工作的内容和结果当日向总监准确汇报。

（三）重点落实强化沟通

公司还根据对项目的重点环节，特别是在危险性较大的分部分项工程实施阶段，从审批方案到督促落实专家论证意见，从落实编制相关细则到督促施工过程严格执行相关规定，对项目的管理监督更加严格。不仅要及时上传项目信息，还要加大关注力度，不定时组织管理人员到项目进行检查，考核相关工作的落实情况。公司还每月和每季度定期召开例会，在总结软件信息上传工作的同时，协调解决发现的新情况新问题。公司的监理人员使用的软件上有免费电话和信息平台，可广泛交流先进的施工方法和监理工作经验，不同项目的"监理日志"，监理人员通过互联网软件都能阅览，管理人员也常把优秀的"监理日志"发到群里供监理人员互相学习，取长补短。互联网和相关软件的应用，如同一所没有围墙的大学，使监理人员的综合素质在相对较短的时间里得到大大的提高，公司的管理工作也上了现代化的快车道。

## 三、信息化工作完善机制

（一）信息化架设监理质量、施工安全沟通桥梁

近几年来，随着公司对互联网应用工作的重视，公司在建的项目监理部普遍建立了监理和项目的工作微信群，利用互联网平台开展工作，达到了项目信息快速沟通、快速落实的目的。例如 2017 年初，公司承揽了山西寿阳县人民医院

等项目的工程监理任务。在第一次工地监理例会上，项目总监在介绍完该项目的监理规划和相关内容后，提出在项目上使用互联网促进各方工作效率的设想。即建立本项目施工质量安全、监理、业主3个微信平台，项目质量、安全平台主要人员为施工单位的项目经理、技术、安全、工长、项目监理人员，建设单位项目管理人员。监理平台为公司有关领导、监管部门负责人、项目总监及总代、项目各专业监理工程师、监理员等。业主平台为业主领导及管理人员、项目施工和监理相关负责人。微信的3个平台群主是各主要责任单位的管理员，群里制定相关规定不发与工程无关的信息，入群人员全部实行实名制。每日的信息，成员应在当日定时关注和浏览，需要回复的要及时反馈。这个建议得到了业主和相关参会单位同意和支持。

工程开工后，施工单位在现场安装了无线宽带网，业主和监理单位也在驻地安装了无线宽带网，为互联网在此项目工地使用创造了条件。在施工过程中，3个平台在日常的工作联系和工程安全质量监管方面发挥了重要作用。特别是施工质量安全平台，在工程施工监理巡视和检查验收过程中，对施工单位进行的自检互检及检查结果我们要求相关施工管理人员用智能手机拍下来，发到群里。监理项目部负责人根据施工单位相关项目在质量群里发的自检合格的有关图片和由施工单位填报的相关工程资料，通过监理群指派有关监理工程师到相关项目进行监理验收，监理工程师对该项目验收合格后，由监理工程师将验收合格的图片发到质量群和监理群。施工单位相关项目根据质量群监理工序验收合格的图片，一般情况，进入下道工序施工；特殊情况，由监理项目部负责

人通知建设单位组织相关单位对工程进行验收。通过现场每日的巡视检查和互联网微信平台的配合，建设、施工、监理单位工作开展得较为顺利。通过互联网项目沟通工程信息迅速便捷，在项目提高工作效率方面起到了非常好的桥梁作用，高质量地推进工程质量、安全等各项工作的稳步发展。

（二）信息平台的普及使项目监理例会的效果快捷直观

从开工到2021年6月底，山西省寿阳县人民医院等项目监理部共召开了69次监理例会，共督促解决相关安全质量问题1500多项。会议应用互联网的形式，首先用PPT把上周项目监理工程师对项目检查中发现的质量安全问题拍照后输入电脑进行播放，由监理部负责人在会上对问题逐个点评；已进行整改的项目图片，由施工单位将图片导入电脑进行播放，经与会人员认可后，通过验收。整改不到位和不及时的项目，放在下周验收（会前监理人员已到现场进行过检查）。会议的第二个议程，由监理部负责人对项目本周监理工程师发现的质量安全问题，仍用PPT的形式进行图片播放，监理部负责人进行点评，每个问题经施工方确认后，确定落实整改时间和责任人后，在播放的图片上增加以上内容，便于在下周的会上进行落实。其后进行会议的其他内容。监理例会每周对现场的巡视结果和项目质量安全问题图文并茂的播放和讲解，对参会的人员起到了质量安全教育工作和举一反三的目的。这些程序看似简单，但收到的效果非常明显。既反映了问题，又体现了整改后的实况，减少了类似安全质量问题的重复发生，也起到了提醒各级施工管理人员重视安全质量工作的作用。监理例会也通过互联网搜索的典型安全

质量事故相关案例进行播放，对参会的管理人员起到了很好的教育作用。现在条件成熟的项目监理部普遍采用了这个形式召开监理例会，取得了好的效果。

## 四、信息化工作制度保障

公司在企业网站，互联网软件，项目微信平台，信息上传、反馈、浏览方面制定了相关规定和要求。公司有若干专职管理员负责对公司所有在建监理项目进行日常的项目信息管理。项目监理部也制定了相关的规定。公司和项目部应用互联网能做到互通信息和沟通解决相关问题。在日常工作中，公司管理人员对项目信息反馈不及时和有误的，就及时发信息督促相关人员纠正。公司管理层和项目管理层还通过每周、每月的沟通对项目反馈的信息进行核实和评判纠偏，公司每季度对上传的日志信息考核，考核结果与总监收入挂钩，奖勤罚懒。对评为合格、基本合格、不合格的项目，每季度按规定进行考核并进行经济奖励和处罚，年终时对工作出色的公司管理员、项目总监和项目部，特别是在互联网应用工作中成绩突出的还有经济奖励，对不合格的还有经济处罚。通过这些管理方法，促进了项目更好地通过互联网上传工作，加强和保障了公司互联网工作正常有序地进行。

参考文献

[1] 吴显用，王双林，王彦忠．工程监理各岗位信息化职责研究[J]．上海建设科技，2017（02）：80-82．

[2] 陈玉高．当前监理工作中存在的问题及对策[J]．当代建设，2001（04）：33．

[3] 高春勇，杨婕．对建设工程项目监理部监理工作的几点思考[J]．建设监理，2017（08）：17-19，78．

# 工程监理招投标存在的问题及优化策略研究

温丽娟

山西诚联工程项目管理有限公司

**摘　要：** 随着我国经济建设的不断加快，越来越多的建设工程项目投入社会，工程建设领域取得了较大的发展。近年来，随着工程建设项目的不断增加，工程建筑行业也在丰富的建设经验的带领下逐渐朝着规范化发展，同时，建筑工程项目的建设工程监理的招投标管理也日趋规范化，这些方面的规范化发展对我国工程建筑行业的发展起到了巨大的促进作用。但是，就目前而言，建筑工程监理招投标工作当中还存在着种种问题，严重影响我国建筑工程监理招投标工作的规范化发展，因此，必须加强建筑工程监理招投标的相关管理措施。本文就以建筑工程监理招投标工作的现状以及招投标过程中存在的问题进行深入分析，并提出一些改进建议和措施，旨在帮助我国建筑工程行业取得更大的发展。

**关键词：** 工程监理；招投标；问题；优化策略；研究

当前我国出台的《中华人民共和国招标投标法》中，就明确了工程监理在工程招投标中的重要作用和责任，促进了我国工程建设行业的发展，规范了工程建设招投标工作的具体流程。然而，当今社会仍有许多不法工程承包商，在招投标过程中明招暗投，勾结招标单位进行暗箱操作，严重影响着我国整体工程建筑招投标环境，阻碍着我国工程监理招投标工作的合理发展。

## 一、工程监理的主要工作内容及招投标现状

在工程建筑行业当中，工程监理发挥的作用是至关重要的，工程监理通过依据国家相关法律法规，结合施工过程中具体的施工技术标准和施工方案，并严格执行这些依据，以工程建设项目的承包企业的款项使用、调度，施工质量及安全管理为己任，对工程建设项目进行多方面的监督管理。换言之，工程监理的工作质量好坏直接影响着工程建设项目的整体质量的好坏，也影响着整体工程项目建设的成本利益。

（一）工程监理的主要工作内容介绍

工程监理的主要职责对于许多人来说并没有很明确的认知，那么工程监理的主要职责是什么呢？简单来说，工程监理就是通过依据国家相关法律法规，结合施工过程中具体的施工技术标准和施工方案，并严格执行这些依据，以工程建设项目的承包企业的款项使用、调度，施工质量及安全管理为己任，对工程建筑项目进行多方面的监督管理[1]。但是就目前而言，在我国的工程建筑行业，并未能够充分发挥出工程监理的全面职责，工程监理的主要工作多是以对建筑工程建设过程中的施工质量进行管理监督，并未能参与到工程建设项目中的投资决策以及投资建设设计方面中去，对这些方面明显缺乏监督力度，而且，这一现象在我国目前的监理行业来看是很难实现的，许多监理行业均未达到这一要求。因此，工程监理的主要工作内容还是以工程施工过程中的质量监督以及工程招投标和合同制作为主。那么，这就要求监理单位在工作中要对招投标工作具有良好的工作能力，工程监理对承包商的

招投标管理合格与否直接关系着工程建设项目的整体建设质量。通过合理有效的招投标工作可以为工程建设项目带来一些信誉高、能力强的优良承包商，从而确保工程建设项目的先进性和优质性。同时，通过监理单位在施工招标初期的介入，可以方便监理单位对承包商有更加深入的了解，便于日后监理单位对承包商的管理工作[2]。除此之外，监理单位还要具备对工程承包合同的管理能力，任何工程的承包和招投标工作都离不开合同的约束，监理单位要树立起对合同管理的重要意识。在对承包商日常施工作业的监督管理中，充分依据国家相关的法律法规，以合同内容为基础，对工程质量进行监督管理。由此可见，工程监理的主要工作内容就是对承包合同的监督管理，从而保证工程项目的整体质量，确保工程顺利开展。

（二）当前国内工程监理招投标现状

近年来，我国相继推出了一些关于工程监理招投标相关的法律法规，并在具体的实施过程中不断完善改进，例如2000年颁布的《中华人民共和国招标投标法》，经过多年来的具体实施和工作总结，逐步确立了一套较为完善的工作体系和具体实施规范，使工程监理的招投标工作具有了一定的规范化和科学化。2012年，国家又颁布了《中华人民共和国招标投标法实施条例》，进一步促进了我国工程监理招投标的发展，在一定意义上使我国工程监理招投标工作更加规范化，增强了我国工程监理在招投标工作上的操作性和可行性[3]。这些法律法规的出台和实行在很大程度上增强了我国工程监理的工作效率，增强了工程监理的监管力度，同时也对我国工程监理招投标工作起到了巨大的促进作用，使工程监理招投标工作更加规范细致，并取得了实

质性的进展。然而，随着企业改革的不断深入，工程建筑行业的市场竞争加剧，工程监理招投标工作中的问题也不断突出，较以往产生了新的招标隐患，例如投标价格不符合国家规定、招标单位操作不规范等，这些现象的出现都影响着我国工程监理招投标的良好发展。

## 二、工程监控招投标存在的不足分析

（一）监理企业投标数量有限

在我国的工程监理招投标工作中，存在着监理企业投标数量有限的不良现象。造成这一现象的主要原因有以下两点：首先，高额、不合理的招标报名费是监理企业投标数量有限的一大制约因素。部分建设工程项目的招标过程中，往往存在着招标报名费和相关标书收费高昂和不合理的现象，许多建筑工程项目的招标费用过高，从而导致了许多监理单位面对高额的招标报名费望而却步的现象。其次，地方相关行政管理部门对一些工程项目招标的操作不规范也是一大制约因素。许多地方行政管理部门私自扩大招标范围，将一些规模和投资额达不到国家标准投资项目也列入投资招标的范围之内，这些招标项目不符合一些监理单位的需求，规模较小，因而许多监理单位无法产生投标欲望，从而导致了监理企业投标数量有限现象的发生。

（二）各监理企业之间缺乏有序竞争，招标代理市场混乱

监理企业和建设单位之间达成共识并交易成功的关键在于双方在价格条款上是否达成一致，这是双方建立良好的合作基础的核心所在。所以，建设单位往往会将监理单位的报价情况作为衡量

一个监理单位是否可用的重要依据[4]。正是因为这样，许多监理单位在投标过程中，为了企业的生存和发展，加强企业自身的市场竞争力，从而在价格上盲目降低，而不考虑生产成本，导致了监理投标市场中"恶性价格战"现象的出现。恶意竞争现象日渐严重，以致完全忽视了国家关于监理费用收取的标准。

此外，随着国家经济的迅速发展，各项工程建设的不断增加，相应的监理单位需求量也急剧增加。而在我国的相关规定中，有明确的法律法规对监理单位进行监督管理，要求只有一些达到国家标准要求单位可以进行自主的招投标工作，其他不符合标准的单位一律不得自主进行招投标工作，而是需要将招投标工作委托给相关的代理机构。因此，招标代理机构的需求量也在不断增加[5]。正是基于这一背景下，大量的招标代理机构出现，对部分不合标准的企业进行代理招投标工作，代理机构的成分复杂、工作不规范，导致了代理市场的混乱，对企业的招投标工作起到了错误的引导作用。

（三）招投标人的行为不够规范

在我国的工程监理招投标当中，招投标人的行为不规范，存在徇私舞弊现象，从而严重影响着我国工程监理招投标的公正性和有效性[6]。其中招投标工作中招投标人的不规范行为具体体现为以下几种：首先是招标人自身的行为不够规范，许多招标人在招标之前事先与潜在投标人预谋、串通，招标人根据串通投标人的企业独有优势，不考虑项目的实际招标需求，对招标内容进行恶意篡改；其次是评标专家与投标人互相勾结，投标人在投标前勾结评标专家，让评标专家在投标时徇私舞弊，提高投标

人的中标几率；此外还存在着投标人向招标单位行贿的现象，由于许多招标单位只注重监理投标单位的报价和自身的利益，从而造成了投标人在投标之前行贿的行为，并向招标单位提供虚假投标材料以达到中标的目的。

## 三、工程监理招投标的改进措施

（一）努力提高招投标管理水平，规范业主行为，积极利用电子技术

通过以上所述的问题及现状，我们不难发现，当前我国的招投标管理急需加强和改进。就工程建设项目监理投标收费不合理这一现象，我国相关的工程建设行政管理机构应当充分予以重视，通过日常的招投标工作经验并结合招标项目的实际情况和需求，在招标过程中制定出一套科学合理的监理投标收费标准，并以此为监理工程招投标工作基础，要求招投标单位认真贯彻落实，从而达到对招投标单位严格监督管理的作用。同时还要做到对招标费用的公开化、透明化，保证招标工作的公平公正性，规范业主的招投标行为[7]。此外，建设招标单位还应当在招标项目的规模上进行审核，尽量去除一些规模较小不符合招标标准的招标项目，保留大型的招标项目，将监理工程投标单位的作用发挥出来，提高工程建设项目的整体质量。

同时，随着时代的进步，互联网技术不断发展的今天，招标工作的开展也应当充分利用电子技术的优势，提高招标工作的效率。例如，建筑工程招标单位可以根据不同的投标企业建立 IC 卡，同时建立起一套完善的电子平台操作系统，使招投标单位通过电子平台更加高效地进行招投标信息的查询，提高招标工作的效率。

（二）建立健全监理招标管理体制，严厉整顿招标代理市场

加强工程建设招投标市场的规范化作业，离不开国家监督管理部门的有效管理。国家相关部门机构应当建立健全招标管理体制，对非法招投标行为进行严厉的打击，规范业主的招投标行为[8]。同时应当结合电子技术，建立起电子查询系统和电子评标体系，并结合诚信网，对投标企业进行审核、审查工作，促进建筑工程招投标工作的顺利进行。此外，针对代理投标市场也应当加强监督管理措施，健全相关法律法规，并以此为依据对代理投标市场进行专项整顿，达到提升代理投标市场投标能力和行为规范的目的。相关监督部门要从源头着手，对代理机构的相关资质和业务能力进行审查，对违规行为存在的机构进行严厉打击，同时还要针对招标代理机构的诚信问题建立相关的档案，对投标代理机构的违规作业行为进行记录，从而起到对投标代理机构的约束作用。

（三）规范招投标人的行为，完善相关法律法规

要想提高我国工程监理招投标的整体质量，还需要对投标人的行为进行约束和规范，因此，国家相关监督管理部门必须不断完善招投标相关的法律法规，减少法律上的漏洞，避免投标人利用法律漏洞投机取巧和暗箱操作。相关监督部门要做到对违规行为一经发现严肃处理，情节严重者取消招投标资格，通过一系列的严格措施，增强业主的行为规范[9]。此外，国家还应当不断完善建设工程项目招投标相关法律法规，让工程监理招投标有法可依。

## 结语

通过以上描述，不难发现，我国的工程监理招投标当中还存在着种种问题，需要投标人、招标人和相关管理机构以及国家共同努力，加强业主自身行为规范的同时，不断完善相关法律法规，共同促进我国工程监理招投标的良性发展。

参考文献

[1] 颜新刚. 城市基础设施建设项目监理招投标管理研究 [D]. 南昌大学，2018.
[2] 周小燕. W 公司房屋建筑工程监理投标决策模型的构建与应用 [D]. 华南理工大学，2011.
[3] 李康学. 公路工程监理项目投标报价风险与策略方法的研究 [D]. 北京建筑工程学院，2012.
[4] 赵春红. 工程监理投标的理论分析与投标决策模型研究 [D]. 山东大学，2006.
[5] 王将军，张敬. 工程监理招标中若干重点的解析 [J]. 建筑技术，2013，44（03）：255-258.
[6] 刘锐. 公路工程施工监理服务投标报价风险与策略方法研究 [J]. 居舍，2018 (34)：136-137.
[7] 崔桂官. 工程监理招投标过程中亟待解决的问题 [J]. 安徽建筑，2016，23 (06)：190-192.
[8] 王将军. 工程监理招标的关键事项与政策把握 [J]. 招标与投标，2015 (07)：38-41.
[9] 幺建杰. 建设工程监理及建设工程监理招投标制存在问题及对策 [J]. 河北建筑工程学院学报，2006 (03)：104，112.

# 监理行业的发展源于价值

郭永锋

太原理工大成工程有限公司

摘　要：监理行业源于政策，兴于建筑业大发展的三十年，最终将回归价值的提升。提升监理价值是监理行业的生存根本，转型发展是监理行业的路线图，做到监理行业价值提升，就要进行系统的"提质增效"，在这个舆论中，监理行业该如何面对，本文结合监理服务在当前行业发展现状及环境，探索监理深层次发展的思路。

关键词：监理价值；提质增效；转型发展

工程监理当前主要在施工阶段提供监理服务，实现监理品质提升，要从创新工程监理技术、管理、组织和流程出发，逐步提升工程监理服务能力和水平，实现服务模式得到有效创新。

## 一、监理行业发展价值的爆发点

价值就是劳动价值，它由劳动者所付出的劳动量来决定。从价值论来看，监理行业的价值，由该行业在整个建筑业的服务产品决定。监理行业监理人的劳动付出，形成了当前的监理产品和监理价值。

从价值提升，就要从提质增效来讲，质，质量；效，效率。监理行业，作为社会主义行业的一分子，应该响应号召，自觉加强学习，不断提高业务素质，进一步锤炼基本技能，提高专业技术水平，不断提升自身的职业道德水准，进一步增强事业心、责任感和使命感。

## 二、监理行业源于政策

我国根据工程建设项目管理体制改革的需要，借鉴世界先进的工程管理经验自1988年试点起步工程监理制度，于1996年在建设领域全面推行。

2004年11月制定了《建设工程项目管理试行办法》（建市〔2004〕200号），进一步明确了有关建设监理企业向项目管理公司发展的途径和操作方法。

进入"十三五"规划时期，工程监理要适应我国投资体制改革和建设项目组织实施方式改革的需要，提高工程建设管理水平，增强工程监理单位的综合实力及竞争力。"十三五"规划时期，中国经济进入大转型时期，全面提质增效转型升级，经济发展方式正从规模速度型粗放增长转向质量效率型集约增长，经济结构正从增量扩能为主转向调整存量、做优增量并存的深度调整，经济发展动力正从传统增长点转向新的增长点。

2017年7月18日，住房和城乡建设部发布《关于促进工程监理行业转型升级创新发展的意见》（建市〔2017〕145号），明确对于选择具有相应工程监理资质的企业开展全过程咨询服务，可不再另行委托监理。

## 三、从价值观来评价监理行业问题和认识误区

当前监理工作框架应该是"三控、二管、一协调"，履行监理安全职责。有的建设单位说"四控、二管、一协调"，

无非是定位错误，概念不清楚。监理知名度、监理工作产品质量、监理品牌联想（关联性）以及建设单位忠诚度是品牌资产价值构成的重要来源。

（一）监理产品品牌关联性不强。业主同体监理现象，监理企业业务的承揽方式上，存在转包监理业务、挂靠监理单位的现象。

（二）监理行业价值投入严重不足，或投入因素不合格。有监理任务时就临时凑人员，没有监理任务时，这些人就解散或转移，归结为监理投入不足。

（三）监理行业产品质量不清楚或质量不合格。监理人为了工程"不出事"的心态，或者为了工薪出工不出力，或者因为工资低，少部分人在工作中为"部分好处费"，拿工程质量安全做交易，最终目标仅仅是只要工程完成，监理责任就履行完成。

（四）监理产品定位不准确，监理提供的产品价值混乱，无法凝聚作为消费者的建设单位忠诚度。由于体制、机制上不配套，监理的"三控"即投资、进度、质量管理的职能被异化，实际操作中绝大多数监理单位仅是以"质量监理为主"，投资控制基本上由建设单位实施，很少项目给予监理实行"三控制"；对于安全监理，更是语焉不详，但是一旦发生安全事故，不由分说成为"各打五十大板"的角色。长期以来，不止监理的"三控、二管、一协调"未得到贯彻，安全监理等职责同样也未得到有效贯彻，有时甚至连基本的信任都没有，勉强聘用监理企业进行程序性的工程监理，费用极低；但业主还是要在工地派遣管理人员（甲方代表），成了"监理的监理"，与监理人员的工作职责交叉重叠，使得监理人员显得多余，位置极其尴尬。

## 四、提质增效的方法和路线

根据以上问题分析，主要从监理公司结构、监理人员及监理硬件配备及社会和政府支持方面，探讨监理行业的应对措施。

（一）依托监理公司扁平化管理模式开展

监理企业延续传统金字塔式公司组织结构。传统管理者的能力是有限的，不可能应对从最基层到公司管理层的层级跨越。现代计算机技术的飞速发展，扩展了一个管理者的视界，使得原来的金字塔结构产生了可以压缩精简转变的机遇。

进入互联网时代，监理行业破解原有的管理生态，落后的模式，清理原有冗余管理成本，改变金字塔结构为扁平化管理，避免无用、效率低下的管理；在这种改变中，要求项目监理部与公司、公司与员工的角色及交流，得到充分运用，利用互联网的支持、知识经济来逐步降低门槛，调动监理行业的生产力与生产关系升级要求，追求新型的管理模式。

公司扁平化分担部分管理职能，减少设立多级管理层来应对日益增多的事务，由扁平化的职能部门来处理日益庞大的信息流，缩小空间和时间的差异，在监理公司、项目监理部、项目监理人员三级中，达到即时通信沟通，实现员工评价及工作效率测试、工作支持、工作效果评价等网络化和信息化。

从公司高层、技术质量管理层（中层）与项目操作层实现工作沟通和支持。优化监理费用，减少项目监理部配置无效资源，垂直方向增强技术力量，保证重大项目中配备专家级人员，对各项工作进行预设目标、日常检查、重点纠偏，对客户服务质量的量化测量进行定期或定点检查，均可以实现成本降低和管理加强的双重目标。

（二）监理行业投入和产出

在各个行业资本化的今天，监理作为服务行业，摒弃过去的"两个肩膀抬着脑袋"监理的思路，进行必要的设施投入，是监理作为行业服务的物质基础。作为标准化的项目部，展现监理公司直观形象，涉及劳动保护或者福利设施，要根据施工现场进行合理设置。对于日常工作用的各项设备，是监理部工作的工具，确保独立、科学地开展工作，没有如质量检查的各种检测设施硬件的投入，保证不了监理工作的基本需求，谈不上工作成果。

监理行业产品意识加强，不仅仅是过程中形成合格工程，合格的工程也不仅仅是监理人的产品，更多的包含施工质量、安全等，是施工单位的移交成果。设计单位拿出合格翔实的蓝图，完成工程过程服务，形成设计成果。关于监理的成果，很多监理人不知道。监理的成果，也是监理的价值体现。在过程中，各项工作记录、各种往来文件签署、各种服务过程记录，科学、翔实、准确的各种记录，是展现监理成果，体现监理价值的产品，没有被重视。

（三）依托人员结构的改善

作为服务行业，人员素质是重要因素，或者是第一要务。前期由于人员的投入，未受到社会的鼓励，过低的监理取费已对监理人员素质提高形成障碍，严重限制了一些优秀的高学历、高学位、高职称、高水平复合型人才的加入。当前的主力人员很多都是退休或者缺乏专业实际工作能力和现场协调能力的监理人员。从总的评价来看监理费用的投入产出，而采取这种简单的凑数想法是不合理的。较多时候人工工资的成本表面上降低，实际隐形成本、潜在成本是很大的"短板效应"。从监理队伍稳定性方面来看，根据当前国家要求中重视关键人员，这些人员，在项目比例形成"尖刀连"，不仅在成本上优化，人员待遇上提高，并且长期来看利于监理经验的积累。

（四）依托社会及政府支持业务方式革新

政府对于监理发展，已经提出发展目标，但是比起当前的生存困境来看，净化监理市场，严格人员执业行为监督，做好招投标市场监管，建立"监理行业负面清单"，建设"四库一平台"并运行，更具有实际效果。

在确保监理或者建设市场的基础上，进一步完善工程监理制度，分类指导不同投资类型工程项目监理服务模式发展，调整强制监理工程范围，试水试点监理或其他管理模式的政策措施。推动一批有能力的监理企业做优做强，对监理行业改革转型，促进项目管理与监理一体化运行具有重要而积极的意义。不同的监理企业，根据自身优势，可以采用联合投标方式，创新专业监理、职业保险制度下的监理工作室、监理个人执业制度、全过程项目监理、全过程项目管理等业务，形成百花齐放的业态，提升建设项目时间价值、工程价值、社会价值。

## 五、从监理行业增效提质展望未来发展

监理行业应不忘初心，明白监理服务对象和任务，采用科学的工作方法，重视监理服务过程，提供具体优质的产品，准确找到监理定位，量化明确监理承担安全、质量、合同等责任，从而形成监理价值的提升，促进行业的发展。

42
期刊

中国建设监理与咨询

# 《中国建设监理与咨询》征稿启事

《中国建设监理与咨询》是中国建设监理协会与中国建筑工业出版社合作出版的连续出版物，侧重于监理与咨询的理论探讨、政策研究、技术创新、学术研究和经验推介，为广大监理企业和从业者提供信息交流的平台，宣传推广优秀企业和项目。

一、栏目设置：政策法规、行业动态、人物专访、监理论坛、项目管理与咨询、创新与研究、企业文化、人才培养等。

二、投稿邮箱：zgjsjlxh@163.com，投稿时请务必注明联系电话和邮寄地址等内容。

三、投稿须知：

1. 来稿要求原创，主题明确、观点新颖、内容真实、论据可靠；图表规范、数据准确、文字简练通顺，层次清晰、标点符号规范。

2. 作者确保稿件的原创性，不一稿多投、不涉及保密、署名无争议，文责自负。本编辑部有权作内容层次、语言文字和编辑规范方面的删改。如不同意删改，请在投稿时特别说明。请作者自留底稿，恕不退稿。

3. 来稿按以下顺序表述：①题名；②作者（含合作者）姓名、单位；③摘要（300字以内）；④关键词（2~5个）；⑤正文；⑥参考文献。

4. 来稿以4000~6000字为宜，建议提供与文章内容相关的图片（JPG格式）。

5. 来稿经录用刊载后，即赠送作者当期《中国建设监理与咨询》一本。

本征稿启事长期有效，欢迎广大监理工作者和研究者积极投稿！

# 欢迎订阅《中国建设监理与咨询》

《中国建设监理与咨询》面向各级建设主管部门和监理企业的管理者和从业者，面向国内高校相关专业的专家学者和学生，以及其他关心我国监理事业改革和发展的人士。

《中国建设监理与咨询》内容主要包括监理相关法律法规及政策解读；监理企业管理发展经验介绍和人才培养等热点、难点问题研讨；各类工程项目管理经验交流；监理理论研究及前沿技术介绍等。

## 《中国建设监理与咨询》征订单回执（2022年）

| 订阅人信息 | 单位名称 | | | | | |
|---|---|---|---|---|---|---|
| | 详细地址 | | | | 邮编 | |
| | 收件人 | | | | 联系电话 | |
| 出版物信息 | 全年（6）期 | 每期（35）元 | 全年（210）元/套（含邮寄费用） | | 付款方式 | 银行汇款 |

| 订阅信息 | | | |
|---|---|---|---|
| 订阅自2022年1月至2022年12月，_____套（共计6期/年） | | 付款金额合计￥_____元。 | |

订阅信息

订阅自2022年1月至2022年12月，_____套（共计6期/年）　　付款金额合计￥_____元。

发票信息

□开具发票（电子发票由此地址 absbook@126.com 发出）
发票抬头：_____　　纳税人识别号：_____
发票类型：一般增值税发票
接收电子发票邮箱：

付款方式：请汇至"中国建筑书店有限责任公司"

银行汇款 □
户　名：中国建筑书店有限责任公司
开户行：中国建设银行北京甘家口支行
账　号：1100 1085 6000 5300 6825

备注：为便于我们更好地为您服务，以上资料请您详细填写。汇款时请注明征订《中国建设监理与咨询》并请将征订单回执与汇款底单一并传真或发邮件至中国建设监理协会信息部，传真 010-68346832，邮箱 zgjsjlxh@163.com。

联系人：中国建设监理协会　刘基建、王慧梅，电话：010-68346832
　　　　中国建筑工业出版社　焦阳，电话：010-58337250
　　　　中国建筑书店　王建国、赵淑琴，电话：010-68344573（发票咨询）

《中国建设监理与咨询》协办单位

| | | | |
|---|---|---|---|
| <br>北京市建设监理协会<br>会长：李伟 | <br>中国铁道工程建设协会<br>副秘书长兼监理委员会主任：麻京生 | <br>机械监理<br>中国建设监理协会机械分会<br>会长：李明安 | 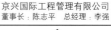<br>京兴国际工程管理有限公司<br>董事长：陈志平　总经理：李强 |
| <br>北京兴电国际工程管理有限公司<br>董事长兼总经理：张铁明 | <br>北京五环国际工程管理有限公司<br>总经理：汪成 | 咨询北京有限公司<br>中国水利水电建设工程咨询北京有限公司<br>总经理：孙晓博 | <br>鑫诚建设监理咨询有限公司<br>董事长：严弟勇　总经理：张国明 |
| <br>北京希达工程管理咨询有限公司<br>总经理：黄强 | <br>中船重工海鑫工程管理（北京）有限公司<br>总经理：姜艳秋 | <br>中咨工程管理咨询有限公司<br>总经理：鲁静 | 赛瑞斯咨询<br>北京赛瑞斯国际工程咨询有限公司<br>总经理：曹雪松 |
| <br>中建卓越建设管理有限公司<br>董事长：邹敏 | <br>天津市建设监理协会<br>理事长：郑立鑫 | <br>河北省建筑市场发展研究会<br>会长：蒋满科 | <br>山西省建设监理协会<br>会长：苏锁成 |
| <br>山西省煤炭建设监理有限公司<br>总经理：苏锁成 | <br>北京方圆工程监理有限公司<br>董事长：李伟 | <br>京精大房<br>北京建大京精大房工程管理有限公司<br>董事长、总经理：赵群 | 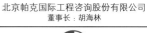帕克国际<br>北京帕克国际工程咨询股份有限公司<br>董事长：胡海林 |
| <br>福建省工程监理与项目管理协会<br>会长：林俊敏 | <br>广西大通建设监理咨询管理有限公司<br>董事长：莫细海　总经理：甘耀域 | <br>湖北长阳清江项目管理有限责任公司<br>执行董事：覃宁会　总经理：覃伟平 | GUOXINGGUANLI<br>江苏国兴建设项目管理有限公司<br>董事长：肖云华 |
| <br>江西同济建设项目管理股份有限公司<br>总经理：何祥国 | <br>正元监理<br>晋中市正元建设监理有限公司<br>执行董事：赵陆军 | <br>陕西中建西北工程监理有限责任公司<br>总经理：张宏利 | <br>临汾方圆建设监理有限公司<br>总经理：耿雪梅 |
| <br>吉林梦溪工程管理有限公司<br>总经理：张惠兵 | <br>山西安宇建设监理有限公司<br>董事长兼总经理：孔永安 | DBCM<br>大保建设管理有限公司<br>董事长：张建东　总经理：肖健 | <br>山西华太工程管理咨询有限公司<br>总经理：司志强 |
| <br>山西晋源昌盛建设项目管理有限公司<br>执行董事：魏亦红 | <br>上海振华工程咨询有限公司<br>Shanghai Zhenhua Engineering Consulting Co., Ltd.<br>上海振华工程咨询有限公司<br>总经理：梁耀嘉 | SPM<br>上海建设工程监理咨询<br>上海市建设工程监理咨询有限公司<br>董事长兼总经理：龚花强 | FLOURISHING WORLD<br>盛世天行<br>山西盛世天行工程项目管理有限公司<br>董事长：马海英 |
| <br>星宇咨询<br>武汉星宇建设工程监理有限公司<br>董事长兼总经理：史铁平 | <br>胜利监理<br>SHENGLI PROJECT MANAGEMENT<br>山东胜利建设监理股份有限公司<br>董事长兼总经理：艾万发 | <br>山西亿鼎诚建设工程项目管理有限公司<br>董事长：贾宏铮 | <br>江苏建科建设监理有限公司<br>董事长：陈贵　总经理：吕所章 |
| <br>LCPM<br>连云港市建设监理有限公司<br>董事长兼总经理：谢永庆 | 山西卓越<br>SHANXI ZHUOYUE<br>山西卓越建设工程管理有限公司<br>总经理：张广斌 | M<br>陕西华茂建设监理咨询有限公司<br>董事长：阎平 | <br>安徽省建设监理协会<br>会长：苗一平 |
| <br>合肥工大建设监理有限责任公司<br>总经理：王章虎 | <br>江南管理<br>浙江江南工程管理股份有限公司<br>董事长兼总经理：李建军 | <br>苏州市建设监理协会<br>会长：蔡东星　秘书长：翟东升 | 浙江嘉宇工程管理有限公司<br>ZHEJIANG JIAYU PROJECT MANAGEMENT CO.,LTD<br>浙江嘉宇工程管理有限公司<br>董事长：张建　总经理：卢甬 |
| QSH<br>浙江求是工程咨询监理有限公司<br>董事长：晏海军 | <br>甘肃省建设监理有限责任公司<br>Gansu Construction Supervision Co.,Ltd.<br>甘肃省建设监理有限责任公司<br>董事长：魏和中 | <br>福州市建设监理协会<br>理事长：饶舜 | <br>厦门海投建设咨询有限公司<br>党总支书记、执行董事、法定代表人兼总经理：蔡元发 |

# 《中国建设监理与咨询》协办单位

| | | | |
|---|---|---|---|
| <br>驿涛项目管理有限公司<br>董事长：叶华阳 | <br>永明项目管理有限公司<br>董事长：张平 | 河南省建设监理协会<br>会长：孙惠民 | <br>建基工程咨询有限公司<br>总裁：黄春晓 |
| 国机中兴SZXEC<br>国机中兴工程咨询有限公司<br>执行董事兼总经理：李振文 | <br>新疆昆仑工程咨询管理集团有限公司<br>总经理：曹志勇 | 河南清鸿<br>河南清鸿建设咨询有限公司<br>董事长：贾铁军 | 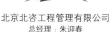BECC<br>北京北咨工程管理有限公司<br>总经理：朱迎春 |
| 河南省光大建设管理有限公司<br>董事长：郭芳州 | 中元方<br>中元方工程咨询有限公司<br>董事长：张存钦 | 方大咨询<br>方大国际工程咨询股份有限公司<br>董事长：李宗峰 | 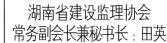长城咨询<br>河南长城铁路工程建设咨询有限公司<br>董事长：朱泽州 |
| 河南兴平工程管理有限公司<br>董事长兼总经理：艾护民 | 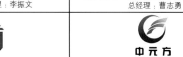<br>湖北省建设监理协会<br>会长：刘治栋 | 武汉华胜工程建设科技有限公司<br>董事长：汪成庆 | 湖南省建设监理协会<br>常务副会长兼秘书长：田英 |
| 华春<br>华春建设工程项目管理有限责任公司<br>董事长：王莉 | 长顺管理 Changshun PM<br>湖南长顺项目管理有限公司<br>董事长：黄劲松 总经理：黄勇 | <br>广东省建设监理协会<br>会长：孙成 | 运城市金苑工程监理有限公司<br>董事长兼总经理：卢尚武 |
| 郑州大学建设科技集团有限公司<br>总经理：詹昌春 | CDPM<br>广东监理<br>广东工程建设监理有限公司<br>总经理：毕德峰 | 广骏监理<br>广州广骏工程监理有限公司<br>总经理：施永强 | 中国节能<br>西安四方建设监理有限责任公司<br>董事长：杜鹏宇 总经理：周建新 |
| 重庆市建设监理协会<br>会长：雷开贵 | CISDI 重庆赛迪工程咨询有限公司<br>重庆赛迪工程咨询有限公司<br>董事长兼总经理：冉鹏 | <br>重庆联盛建设项目管理有限公司<br>总经理：雷冬菁 | HASIN 华兴咨询<br>重庆华兴工程咨询有限公司<br>董事长：胡明健 |
| 渝正信<br>重庆正信建设监理有限公司<br>董事长：程辉汉 | 重大林鸥 LINOU<br>重庆林鸥监理咨询有限公司<br>总经理：肖波 | 二滩国际 Ertan International<br>四川二滩国际工程咨询有限责任公司<br>董事长：郑家祥 | 中国华西工程设计建设有限公司<br>CHINA HUAXI ENGINEERING DESIGN & CONSTRUCTION CO.,LTD<br>中国华西工程设计建设有限公司<br>董事长：周华 |
| <br>云南省建设监理协会<br>会长：杨丽 | XDPM<br>云南新迪建设工程项目管理咨询有限公司<br>董事长兼总经理：杨丽 | <br>云南国开建设监理咨询有限公司<br>董事长兼总经理：黄平 | GZJLXH<br>贵州省建设监理协会<br>会长：杨国华 |
| <br>贵州建工监理咨询有限公司<br>Guizhou Construction Supervision&Consulting Co.,Ltd<br>贵州建工监理咨询有限公司<br>董事长：张勤 总经理：赵中 | SANWEI<br>贵州三维工程建设监理咨询有限公司<br>董事长：付涛 总经理：王伟星 | 高新监理<br>GAO XIN PROJECT MANAGEMENT<br>西安高新建设监理有限责任公司<br>董事长兼总经理：范中东 | 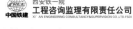西安铁一院<br>工程咨询监理有限责任公司<br>XI' AN ENGINEERING CONSULTANCY&SUPERVISION CO.,LTD.FSDI<br>西安铁一院工程咨询监理有限责任公司<br>总经理：杨南辉 |
| (PM)<br>西安普迈项目管理有限公司<br>董事长：李三虎 | 科大管理 KEDA MANAGEMENT<br>内蒙古科大工程项目管理有限责任公司<br>董事长：乔开元 | YMCC 城建咨询<br>云南城市建设工程咨询有限公司<br>董事长：杨家骏 | HBZYCS<br>河北中原工程项目管理有限公司<br>董事长：王亚东 |
| <br>青岛东方监理有限公司<br>董事长：胡民 总经理：刘永峰 | 康立 KANL<br>四川康立项目管理有限责任公司<br>董事长：蒋增伙 | <br>山西辰丰达工程咨询有限公司<br>总经理：孙爱峰 | <br>九江市建设监理有限公司<br>董事长：郭冬生 |
| TONGLI 同力项目管理<br>山东同力建设项目管理有限公司<br>党委书记、董事长：许继文 | | | |

重庆广阳湾重大功能设施工程

重庆龙兴专业足球场

深圳机场卫星厅

重庆轨道交通1、2、3、5、6、9、10号线及轨道环线

重庆江北国家机场东航站区及第三跑道建设项目

深圳科技馆（深圳新十大文化设施）

深圳国际会展中心

重庆来福士广场

玻利维亚穆通钢铁项目

印度尼西亚 OBI 镍钴项目

## CISDI 赛迪工程咨询　重庆赛迪工程咨询有限公司

重庆赛迪工程咨询有限公司始建于1993年，是中冶赛迪集团有限公司全资子公司。拥有工程监理综合资质（含14项甲级资质），设备监理甲级资质和中央投资项目甲级招标代理资质，工程咨询单位甲级资信等级、装饰设计、人防工程监理等资质，是国内最早获得"英国皇家特许建造咨询公司"称号的咨询企业，同时也是国家住房和城乡建设部首批40家全过程工程咨询试点企业之一。具备建设全过程工程生命周期决策阶段、实施阶段和运营阶段的全过程工程咨询服务能力。可为业主提供项目建议书、可行性研究报告编制、总体策划咨询、规划、设计、项目代建、项目管理、工程监理、招标代理、造价咨询、招标采购、验收移交及运营管理等全方位的全过程工程咨询服务。赛迪工程咨询立足新发展阶段，积极融入数字化转型浪潮构建建筑业数字化生态，倾力打造数字化全过程工程咨询服务平台"轻链"，致力于让工程管理过程看得清、管得住、控得好。

依托赛迪工程咨询近30年来在国内30余个省市、海外10余个国家和地区的2000余个工程咨询项目的实践，赛迪工程咨询锤炼了一大批在工民建、市政、基础设施、冶金、钢结构领域从事设计、高端咨询、全过程工程咨询管理的专家团队，拥有国家监理大师、英国皇家特许建造师、国家建筑师、土地估价师、注册会计师、国家注册监理工程师、国家咨询工程师、国家注册造价工程师、国家注册结构工程师、国家注册招标师、国家注册岩土工程师及城乡规划师等千余名国家注册执业资格者，并有多人获得"全国优秀总监""优秀监理工程师""优秀项目经理"等荣誉。

凭借雄厚的技术力量，规范严格的管理，优质履约服务，赛迪工程咨询赢得了顾客、行业、社会的认可和尊重，自2000年以来，连续荣获建设部、中国建设监理协会、冶金行业、重庆市建设委员会等行业主管部门和协会授予的各种荣誉，连续荣获"全国建设监理工作先进单位""中国建设监理创新发展20年工程监理先进企业""全国守合同重信用单位""全国冶金建设优秀企业""全国优秀设备工程监理单位""重庆市先进监理单位""重庆市招标投标先进单位""重庆市文明单位""重庆市质量效益型企业""重庆市守合同重信用单位"等称号，AAA级资信等级。

赛迪工程咨询坚持为客户创造价值，做客户信赖的伙伴，尊重员工，为员工创造发展机会，实现公司和员工和谐发展的办企宗旨，践行智力服务创造价值的核心价值观，努力做受人尊敬的企业，致力于成为项目业主首选的、为工程项目建设提供全过程工程咨询服务的一流工程咨询企业。

# 北京北咨工程管理有限公司

　　北京市工程咨询有限公司（简称北咨公司）于1986年经北京市人民政府批准成立，是北京市属唯一的甲级综合性工程咨询机构。2020年，公司完成转企改制，由北京市发展改革委员会管理的副局级事业单位改为北京国有资本运营管理有限公司二级企业，其中工程监理业务是我国建设监理事业发展起步最早的监理单位之一。北咨公司为了推动监理业务发展，于2008年3月出资成立了北京北咨工程管理有限公司，是北京市工程咨询有限公司的全资子公司，目前我公司监理业务具有房屋建筑工程甲级、市政公用工程甲级、机电安装工程监理乙级、电力工程监理乙级、通信工程监理乙级、文物保护工程甲级、人民防空工程甲级、工程造价咨询乙级等资质证书，取得了国际认可的质量管理体系、环境管理体系、职业健康安全管理体系认证证书，是北京建设监理协会常务理事及中国建设监理协会会员，具备科学化、规范化、精细化、信息化的管理水平。

　　北咨监理业务经过不断拓展、改进、提高，建立了一支能够承担各类房屋建筑、市政基础设施、水务环境、园林绿化、文物古建等工程的高素质监理队伍。目前从事监理业务人员300余人，其中：高级职称占比20%，中级职称占比59%，初级职称占比21%，具有注册国家监理工程师68人，其他工程类注册人员47人。截至2020年底，累计完成工程监理项目达2236项，涉及总投资额近684亿元，所监理的工程获得了国家优质工程奖、"鲁班奖""詹天佑奖"、北京市长城杯、北京市优质工程奖等多项荣誉。

　　新的历史时期，北咨监理始终坚持诚信化经营、信息化管理、标准化工作、智能化监理，立足北京，聚焦京津冀，布局全国市场，努力成为客户满意、政府信赖、社会认可的具有显著领先优势的监理公司，与社会各界一道携手，为促进建设事业高质量发展做出监理人艰苦扎实的不懈努力。

故宫宝蕴楼修缮工程

2016年世界月季洲际大会配套安置房项目6007地块

京能天泰大厦（丰台区丽泽金融商务区D-12地块C3文化娱乐用地项目）

北京昌平区天通中苑改造项目

地铁17号线项目

北京社会管理职业学院回迁项目一期工程

拉萨群众文化体育中心——体育场

北京通州区潞城镇棚户区改造土地开发项目BCD区孙各庄地块安置房建设项目

通州区张家湾镇2020年景观生态林建设工程项目

槐房再生水厂绿化景观湿地工程

常营三期剩余地块公共租赁住房项目

中国共产党历史展览馆

北京城市副中心站

安贞医院通州院区

鄂州顺丰机场转运中心（72万 m²）

北京城市副中心图书馆

武汉同济泰康医院（全国抗疫先进单位）

天津周大福（530m）

武汉周大福金融中心（478m）

## PUHCA 帕克国际

# 北京帕克国际工程咨询股份有限公司

北京帕克国际工程咨询股份有限公司成立于1993年9月，于2016年成功在新三板挂牌上市。公司是中国工程咨询协会及中国建设监理协会的会员单位，全国首批监理综合资质企业。

帕克国际公司不管是在超高层项目、城市综合体项目、体育场馆项目、五星及超五星级酒店项目，还是在大型市政、园林、水务等项目上，在全国都具有绝对的竞争优势，曾获得国家级奖项100余项。

不仅如此，帕克国际公司还多次参加北京市乃至全国地方规程、行业标准、国家规范的编写工作，为北京市乃至全国的行业进步做出了贡献。

公司依托人才、技术优势，以"国际化、专业化"的理念为指导，采用先进管理模式，强化管理创新，建设了规范化、制度化的管理服务平台。公司坚持"人才成就帕克，帕克造就人才"的用人理念，充分发挥高端人才集聚优势，搭建资本与智本对接平台，打造了精良的、高水准技术服务团队。

企业使命：助造经典。

企业愿景：徜徉城市之间，遇见帕克之美。

企业精神：同心向上、科学创新、诚信服务、追求卓越。

核心价值观：砺己，利人。

诚信正直为本，感恩之心长存，专业高效树标杆，常学常新常自省，主动协作促共赢。

企业负责人：董事长胡海林、总经理白晨

公司优秀业绩：

【多项奥运场馆】如水立方、速滑馆、老山自行车馆、五棵松冰上运动中心等。

【多项城市副中心工程】如城市副中心站综合交通枢纽，城市副中心图书馆，城市副中心机关办公区工程B1、B2工程，北京城市副中心行政办公区C1工程等。

【多项机场工程】如北京新机场货运区工程、北京新机场供油工程、北京新机场南航基地工程、鄂州顺丰机场转运中心（72万 m²）等。

【超高层、综合体项目】如北京CBD三星总部大厦、天津周大福金融中心、武汉周大福金融中心、沈阳市府恒隆广场等。

【大型三甲综合医院项目】如北京安贞医院通州院区、北京积水潭医院回龙观院区、武汉泰康同济医院（全国抗疫先进单位）等。

## 建基工程咨询有限公司
### CCPM Engineering Consulting Co., LTD.

建基工程咨询有限公司成立于1998年，是一家全国知名的以建筑工程领域为核心的全过程咨询解决方案提供商和运营服务商。拥有37年的建设咨询服务经验，27年的工程管理咨询团队，23年的品牌积淀，十年精心铸一剑。

发展几十年来，共完成8300多个工程建设工程咨询服务，工程总投资约千亿元人民币，公司所监理的工程曾多次获得"詹天佑奖""鲁班奖"、中国钢结构金奖、国家优质工程奖、河南省"中州杯"工程及地、市级优良工程奖。

公司是"全国监理行业百强企业""河南省建设监理行业骨干企业""河南省全过程咨询服务试点企业""河南省工程监理企业二十强""河南省先进监理企业""河南省诚信建设先进企业""河南省住房和城乡建设厅重点扶持企业"，2018年度中国全过程工程咨询BIM咨询公司综合实力50强。是中国建设监理协会理事单位、《建设监理》常务理事长单位、河南省建设监理协会副会长单位，河南省产业发展研究会常务理事单位。

建基咨询在工程建设项目前期研究和决策以及工程项目准备、实施、后评价、运维、拆除等全生命周期各个阶段，可提供包含但不仅限于咨询、规划、设计在内的涉及组织、管理、经济和技术等各有关方面的工程咨询服务。

公司资质：工程监理综合资质（可以承接住房和城乡建设部全部10个大类的所有工程项目，包括建筑工程、市政公用工程、机电工程、民航工程、铁路工程、电力工程、通信工程、冶金工程、矿山工程、石油化工工程）；建筑工程设计甲级；工程造价咨询甲级；政府采购招标代理、建设工程招标代理；水利工程施工监理乙级、人防工程监理乙级。

公司经营始终秉承"诚信公正，技术可靠"，以满足业主需求；以"关注需求，真诚服务"，作为技术支撑的服务理念；坚持"认真负责，严格管理，规范守约，质量第一"，赢得市场认可；强调"不断创新，勇于开拓"精神；提倡"积极进取，精诚合作"工作态度；追求"守法诚信合同履约率100%，项目实体质量合格率100%，客户服务质量满意率98%"的企业质量目标。

公司以建设精英人才团队为己任，努力营造信任、关爱、尊重、快乐的工作氛围，营造员工在企业享有温馨而又放心"家"的感觉，创造向心力的文化氛围。公司在坚持"唯才是用"，充分发挥个人才能、人尽其才的同时，更注重团队合作精神，强调时时处处自觉维护公司信誉和品牌；在坚持严谨规范，公正公平科学管理的同时，更强调诚信守约、信誉第一。我们的管理着力于上下和谐，内外满意的一体化原则，追求的是让客户满意，让客户放心，共赢未来。

公司愿与国内外建设单位建立战略合作伙伴关系，用我们雄厚的技术力量和丰富的管理经验，竭诚为业主提供优秀的项目咨询管理、建设工程监理服务，共同携手开创和谐美好的明天！

地　址：河南省郑州市管城区城东路100号正商向阳广场15A层
电　话：400-008-2685　　传　真：0371-55238193
百度直达号：@建基工程
网　址：www.hnccpm.com　邮　箱：ccpm@hnccpm.com

微信公众号

智创天地项目

驻马店海关综合业务技术用房及基础设施配套项目

河南出版产业基地三期工程

来安县文化艺术中心工程

华能安北第三风电场C区200MW项目

邓州市穰城路跨湍河大桥新建工程

商丘市金融中心项目

颍州西湖风景名胜区南湖历史文化风景区古建工程

江西理工大学项目

萍乡市海绵城科技展览馆

南昌市轨道交通 3 号、4 号线

盈峰环境·河南泌阳县生活垃圾焚烧发电项目

江西大唐·宜春高安 100MW 光伏发电　冀中能源青海江仓一井田项目
项目

# 江西同济建设项目管理股份有限公司

　　江西同济建设项目管理股份有限公司是江西省国资委监管、江西省投资集团控股企业。

　　公司具有国家住房和城乡建设部工程监理综合资质、建筑工程施工总承包、电力工程施工总承包、造价咨询资质，同时具有煤炭、人防、交通、水利、地质灾害防治、信息系统等多项专业工程监理资质。业务涉及工程监理、工程总承包、工程项目管理、造价咨询、招标代理、项目代建、全过程工程咨询等领域。

　　公司现有员工 650 名，其中国家注册监理工程师 112 人、一级注册结构工程师 2 人、一级注册建造师 27 人、一级注册造价工程师 13 人、高级项目管理师 10 人。

　　同济建管公司是一家专业技术型服务企业，先后通过了质量、环境及职业健康安全标准管理体系认证，国家高新技术企业认证及科技型中小企业认证。公司还曾多次获得"全国煤炭行业先进监理单位""江西省年度监理先进企业""诚信 AA 级企业"等荣誉称号，所监理工程荣获"杜鹃花奖""省优质工程奖""标准化示范工地"等奖项。

　　公司始终秉承"最忠诚的顾问，最具价值的服务"理念，为广大客户提供优质服务，打造精品工程。

三江源国家公园生态保护与建设工程

于都县红色文化展览培训基地及配套设施建设项目工程（国家长征文化公园·江西段）

# 山西省建设监理协会

山西省建设监理协会成立于1996年4月，20多年来，在山西省住房和城乡建设厅、中国建设监理协会以及山西省社会组织管理局的领导、指导下，山西监理行业发展迅速，已成为工程建设不可替代的重要组成。

从无到有，逐步壮大。随着改革开放的步伐，全省监理企业从1992年的几家发展到2019年底的215家，其中综合资质企业2家、甲级资质企业95家、乙级资质企业98家、丙级资质企业20家。协会现有会员234家（含入晋），理事250人，常务理事70人，理事会领导21人，监事会3人。会员涉及煤炭、交通、电力、冶金、兵工、铁路、水利等领域。

队伍建设，由弱到强。全省监理从业人员从刚起步的几十人发展到现在3万余人。其中，取得国家监理工程师执业资格7500余人（注册5296人），专业监理工程师（含原省师）8000余人，原监理员、见证取样员12000余人，监理队伍不断壮大，人员素质逐年提高。

引导企业，拓展业务。监理业务不仅覆盖了省内和国家在晋大部分重点工程项目，而且许多专业监理积极走出山西，参与青海、东北、新疆、陕西、海南等10多个外省部分相当规模的大型项目建设，还有部分企业走出国门，如纳米比亚、吉尔吉斯斯坦、印尼巴厘岛等。

奖励激励，创建氛围。一是年度理事会上连续9年共拿出79.5万余元奖励获参建"鲁班奖"等国优工程的监理企业（企业10000元、总监5000元），鼓励企业创建精品工程。二是连续11年，共拿出22.7万元奖励在国家监理杂志发表论文的1000余名作者，每篇200~500元不等，助推理论研究工作。三是连续6年，共拿出近13.5万元奖励省内进入全国监理百强企业（每家企业奖励10000元），鼓励企业做强做大。四是连续4年，共拿出近8万元，奖励竞赛获奖选手、考试状元等，激励正能量。

精准服务，效果明显。理事会本着"三服务"（强烈的服务意识；过硬的服务本领；良好的服务效果）宗旨，带领协会团队，紧密围绕企业这个重心，坚持为政府、为行业和企业双向服务，一是充分发挥桥梁纽带作用。一方面积极向主管部门反映企业诉求，另一方面连续8年组织编写《山西省建设工程监理行业发展分析报告》，为政府提供决策依据；二是指导和引导行业健康发展，开展行业诚信自律、明察暗访、选树典型等活动；三是注重提高队伍素质。狠抓培训的编写教材、优选教师、严格管理，举办讲座、《监理规范》知识竞赛、《增强责任心 提高执行力》演讲以及羽毛球大赛；四是经验交流，推广监理资料、企业文化等先进经验；五是办企业所盼，组织专家编辑《建设监理实务新解500问》工具书等；六是推动学习，连续4年共拿出45万余元为近200家会员赠订三种监理杂志1700余份，助推业务学习；七是提升队伍士气，连续8年盛夏慰问一线人员；八是扶贫尽责，2019年，协会与企业向阳高县东小村镇善捐人民币80000元，为传播社会帮扶正能量贡献光和热，协会被省社会组织综合党委授予"参与脱贫攻坚贡献奖"；九是疫情献爱，2020年，协会和会员企业等共向抗击疫情捐款捐物折合人民币50余万元，协会还为坚守在疫情防控一线的基层社区工作人员和志愿者们送上了饼干、牛奶、方便食品等价值万余元的生活物品，2020年4月1日，《中国建设报》第2版登载《逆行最美 大爱无疆》——"监理人大疫面前有担当"文章系列报道，内容介绍了山西监理13家会员单位和协会献爱心暖人心，积极开展捐款捐物活动的内容；十是助学示情，2020年，协会向"我要上大学"助学行动筹备组捐款3万元，为考入大学的寒门学子尽绵薄之力，协会荣获中国助学网、省社会组织促进会、原平市爱心助学站颁发"爱心助学，功德千秋"荣誉牌匾。

不懈努力，取得成效。近年来，山西监理行业的承揽合同额、营业收入、监理收入等呈增长态势。协会的理论研究、宣传报道、服务行业等工作卓有成效，赢得了会员单位的称赞和主管部门的认可。先后荣获中监协各类活动"组织奖"5次；山西省民政厅"5A级社会组织"荣誉称号3次；山西省人社厅、山西省民政厅授予"全省先进社会组织"荣誉称号；山西省建筑业工业联合会授予"五一劳动奖状"荣誉称号；山西省住房和城乡建设厅"厅直属单位先进集体"荣誉等。

面对肩负的责任和期望，我们将聚力奋进，再创辉煌。

地　　址：太原市建设北路85号
邮　　编：030013
联系电话：0351-3580132
邮　　箱：sxjlxh@126.com
网　　址：www.sxjsjlxh.com

2019年12月，中国建设监理协会王早生会长与协会领导和秘书处同志们合影留念

2019年12月，中国建设监理协会王早生会长莅临协会指导并阅览协会活动书籍

2013年11月，省人社厅、省民政厅联合授予我会"全省先进社会组织"殊荣

2014年5月，荣获省建筑业工会联合会表彰的"五一劳动奖状"称号

2011年、2015年、2018年3度荣获5A级社会组织荣誉

2020年新冠肺炎防控工作先进单位

参与脱贫攻坚贡献奖

"爱心助学 功德千秋"

合生帝景监理项目

碧桂园朗悦湾监理项目

红星王家峰城中村改造监理项目

阳光城并州府监理项目

刚果（金）SICOMINES 铜钴矿采矿工程

同煤浙能麻家梁煤矿年产 1200 万吨矿井及井巷采区建设工程

山西潞安屯留矿阎庄进风、回风立井井筒工程与山西潞安屯留煤矿主井井筒工程，2009 年 12 月获中国煤炭建设协会"太阳杯"奖

山西潞安高河矿井地面土建及安装工程，获国家"鲁班奖"、中国煤炭建设协会"太阳杯"奖

连续 8 年全国煤炭行业监理企业排名第一

连续 4 年全省建设监理企业排名第一迈入全国监理企业 100 强

# 山西省煤炭建设监理有限公司

· 资质资信

山西省煤炭建设监理有限公司成立于 1996 年 4 月，具有建设部颁发的矿山工程甲级、房屋建筑工程甲级、市政公用工程监理甲级资质；具有化工石油乙级监理资质和工程造价咨询乙级资质，水利部颁发的水利工程施工监理丙级和水土保持工程施工监理丙级资质；具有煤炭行业矿山建设、房屋建筑、市政及公路、地质勘探、焦化冶金、铁路工程、设备制造及安装工程甲级监理资质；具有山西省人民防空办公室颁发的人民防空工程建设监理乙级资质，山西省环保厅批准的环境工程监理资质，山西省自然资源厅颁发的地质灾害防治资质，山西省应急管理厅审批的安全评价资质证书。2004 年以来，企业通过了质量管理体系、环境管理体系和职业健康安全管理体系的认证，并获得"企业信用等级 AAA 级证书"。公司是中国建设监理协会会员单位、山西省建设监理协会会长单位、中国煤炭建设监理协会理事长单位，中国设备监理协会、山西省煤炭工业协会会员单位。

· 项目业绩

公司先后监理项目 1000 多个，涉及矿建、市政、房建、安装、水利、环境、矿山修复、土地复垦、电力等领域，遍布山西、内蒙古、新疆维吾尔自治区、青海、贵州、海南、浙江、淮南、合肥等省市，并于 2013 年走出国门，进驻刚果（金）市场。其中，矿井建设监理项目有年产千万吨级以上矿井 6 座，年产 500 万 t 级以上矿井 11 座，并有多个项目获得了中国建设"鲁班奖"，国家优质工程奖，煤炭行业工程质量"太阳杯"奖项。在房建监理领域，公司经过公开竞标承揽到碧桂园、红星地产、阳光城集团、荔园集团、荣盛地产、融信地产、中海地产、合生集团等知名房地产企业的 70 多个项目。在市政建设方面，典型的有太原市重点项目柳巷钟楼街商业圈道路改造项目。在土地复垦、土地整治、矿山修复方面，我公司通过招标投标监理的项目有山阴县矿山修复生态恢复治理工程、山西省采煤沉陷区综合治理阳泉上社煤炭有限公司矿山生态环境恢复治理试点示范工程等共计 60 余项。

· 获奖荣誉

2002 年以来，公司连年被中国煤炭建设协会评为"煤炭行业工程建设先进监理企业"，被山西省建设监理协会评为"先进建设监理企业"，被山西省煤炭工业基本建设局评为"煤炭基本建设先进集体"。2009 年至今，公司党委每年都被山西省煤炭工业厅机关党委评选为"先进基层党组织"，被山西省直工委评为"党风廉政建设先进集体"，被山西省直机关精神文明建设委员会授予企业"文明和谐标兵单位"。2007 年以来，公司综合实力排名一直位于全国煤炭建设监理企业前列，连续 7 年在全国煤炭系统监理企业排名第一；从 2011 年起，连续 4 年在全省建设监理企业中排名第一，并迈入全国监理企业 100 强。

地　址：太原市并州南路 6 号鼎太风华 B 座 21 层
邮　编：030012
电　话：0351-4378747
传　真：0351-8397238
网　址：http://www.sxmtjl.cn/

# 鑫诚建设监理咨询有限公司

鑫诚建设监理咨询有限公司是主要从事国内外矿山、冶金、工业与民用市政、电力建设项目的建设监理、海外工程总承包、工程招标、工程咨询、工程造价咨询、设备监理等业务的专业化监理咨询企业。公司成立于1989年，前身为中国有色金属工业总公司基本建设局，1993年更名为"鑫诚建设监理公司"，2003年更名为"鑫诚建设监理咨询有限公司"，现隶属中国有色矿业集团有限公司。

公司是较早通过国际质量管理、环境管理、职业健康安全管理三体系认证的监理单位之一。多年来，一贯坚持"诚信为本、服务到位、顾客满意、创造一流"的宗旨，以雄厚的技术实力和科学严谨的管理，严格依照国家和地方有关法律、法规政策进行规范化运作，为顾客提供高效、优质的监理咨询服务。公司业务范围遍及全国大部分省市及中东、西亚、非洲、东南亚等地，承担了大量有色金属工业基本建设项目以及化工、市政、住宅小区、宾馆、写字楼、院校等建设项目的工程招标、工程咨询、工程造价咨询、全过程建设监理、项目管理、设备监理等工作，特别是在铜、铝、铅、锌、镍、钛、钴、钼、银、金、钽、铌、铍以及稀土等有色金属采矿、选矿、冶炼、加工以及环保治理工程项目的咨询、监理方面，具有明显的整体优势、较强的专业技术经验和管理能力，创造了丰厚的监理咨询业绩。公司在做好监理服务的基础上，造价咨询和工程咨询、设备监理业务也卓有成效，完成了多项重大、重点项目的造价咨询和工程咨询工作，取得了良好的社会效益。公司成立以来所监理的工程中有6项工程获得建筑工程"鲁班奖"（其中海外工程"鲁班奖"2项），19项获得国家优质工程银质奖，118项获得中国有色金属工业（部）级优质工程奖，26项获得其他省（部）级优质工程奖，获得北京市建筑工程"长城杯"20项。

公司致力于打造有色行业的知名品牌，在加快自身发展的同时，关注和支持行业发展，积极参与业内事务，认真履行社会责任，大力支持社会公益事业，获得了行业及客户的广泛认同。1998年获得"八五"计划期间"全国工程建设管理先进单位"称号；2008年被中国建设监理协会等单位评为"中国建设监理创新发展20年先进监理企业"；1999年、2007年、2010年、2012年连续被中国建设监理协会评为"全国先进工程建设监理单位"；1999年以来连年被评为"北京市工程建设监理优秀（先进）单位"，2013年以来连年获得"北京市监理行业诚信监理企业"。公司员工也多人次获得"建设监理单位优秀管理者""优秀总监""优秀监理工程师""中国建设监理创新发展20年先进个人"等荣誉称号。

目前公司是中国建设监理协会会员、理事单位；北京市建设监理协会会员、常务理事、副会长单位；中国工程咨询协会会员；国际咨询工程师联合会（FIDIC）团体会员；中国工程造价管理协会会员；中国有色金属工业协会会员、理事；中国有色金属建设协会会员、副理事长；中国有色金属建设协会建设监理分会会员、理事长。

刚果（金）迪兹瓦矿业项目

缅甸达贡山镍矿项目 荣获中国建设工程鲁班奖（境外工程）

北京市有色金属研究总院怀柔基地项目 获得结构长城杯银质奖工程

印度SKM竖井项目 荣获中国有色金属工业（部级）优质工程奖

北方工业大学系列工程 获得多项建筑长城杯奖

大冶有色金属集团控股有限公司系列工程 荣获多项中国有色金属工业（部级）优质工程奖

江铜年产30万t铜冶炼工程 被评为新中国成立60年百项经典暨精品工程

中国铝业遵义80万t氧化铝项目

谦比希铜矿东南矿矿区探建结合采选项目荣获中国有色金属工业（部级）优质工程奖

赤峰云铜有色金属有限公司环保升级搬迁改造项目 荣获中国有色金属工业（部级）优质工程奖

东方电气（广州）重型机器有限公司
（"詹天佑奖"）

北京新机场停车楼、综合服务楼

北京通州运河核心区能源中心

铜川照金红色旅游名镇（文化遗址保护）

博地世纪中心

郑州市下穿中州大道隧道工程

中节能（临沂）环保能源有限公司生活
垃圾、污泥焚烧综合提升改扩建

中国驻美国大使馆新馆
（项目管理＋工程监理）

马鞍山长江公路大桥右汊斜拉桥及引桥

上汽宁德乘用车宁德基地

# 中国建设监理协会机械分会

机械监理

## 锐意进取　开拓创新

伴随中国改革开放和经济高速发展，建设监理制度已经走过了30年历程。

30年来，建设工程监理在基础设施和建筑工程建设中发挥了重要作用，从南水北调到西气东输，从工业工程到公共建筑，监理企业已经成为工程建设各方主体中不可或缺的主力军，为中国工程建设起到保驾护航的作用。工程监理制度给中国改革开放、经济发展注入了活力，促进了工程建设的大发展，有力地保障了工程建设各目标的实现，推动了中国工程建设管理水平的不断提升，造就了一大批优秀监理人才和监理企业。

中国建设监理协会机械分会，会员单位均为国有企业，具有雄厚的实力、坚实的监理队伍、现代化的企业管理水平。会员单位均具有甲级及以上监理资质，综合资质占30%左右，承担了中国从机械到电子信息行业多数国家重点工程建设监理工作，如新型平板显示器件、半导体、汽车工业、北京新机场、大型国际医院等工程，取得多项国家优质工程奖、"鲁班奖""詹天佑奖"等荣誉奖。

机械分会在中国建设监理协会的指导下，发挥桥梁纽带作用，组织、联络会员单位，参加行业相关活动，开展行业标准制定和相关课题研究，其中包括项目管理模式改革、全过程工程咨询、工程监理制度建设等，为政府政策制定建言献策。

砥砺奋进30载。中国特色社会主义建设已经进入新时代，我们要把握新时代发展的特点，紧紧围绕行业改革发展大局，认真贯彻落实党的十九大精神，扎实开展各项工作，推动行业健康有序发展，不断提升会员单位的工程项目管理水平，为中国工程建设贡献力量。

1. 北京华兴建设监理咨询有限公司　东方电气（广州）重型机器有限公司建设项目

2. 北京希达建设监理有限责任公司　北京新机场停车楼、综合服务楼项目

3. 北京兴电国际工程管理有限公司　北京通州运河核心区能源中心

4. 陕西华建工程监理有限责任公司　铜川照金红色旅游名镇

5. 浙江信安工程咨询有限公司　博地世纪中心项目

6. 郑州中兴工程监理有限公司　郑州市下穿中州大道隧道工程

7. 西安四方建设监理有限公司　中节能（临沂）环保能源有限公司生活垃圾、污泥焚烧综合提升改扩建项目

8. 京兴国际工程管理有限公司　中国驻美国大使馆新馆项目（项目管理＋工程监理）

9. 合肥工大建设监理有限责任公司　马鞍山长江公路大桥右汊斜拉桥及引桥项目

10. 中汽智达（洛阳）建设监理有限公司　上汽宁德乘用车宁德基地项目

# 重庆联盛建设项目管理有限公司

重庆联盛建设项目管理有限公司，原为重庆长安建设监理公司，成立于 1994 年 7 月，2003 年 5 月改制更名。公司于 2008 年取得工程监理综合资质，同时还具有工程建设技术咨询众多资质。可为社会提供全过程工程咨询、建设工程监理、设备监理、信息系统工程监理、投资咨询、工程造价咨询、招标代理等服务。

截至目前，公司已在全国 20 多个省市设立分支机构，业务遍布祖国大江南北。同时，公司培养造就了一支具有较高理论水平及丰富实践经验的优秀的员工队伍，拥有完善的信息管理系统和软件，装备有精良的检测设备和测量仪器。具有熟练运用国际项目管理工具与方法的能力，可以为业主提供全过程、全方位、系统化的项目综合管理服务。公司秉承"以人为本、规范管理、提升水平、打造品牌"的管理理念，通过系统化、程序化、规范化的管理，实现了市场占有率、社会信誉以及综合实力的快速提升，27 年来公司得以稳步发展。

公司是全国建设监理行业百强企业，连续多年荣获国家及重庆市监理、招标代理及工程造价先进企业，共创"鲁班奖"先进企业，抗震救灾先进企业，国家级守合同重信用企业等殊荣。2012 年及 2014 年连续 2 届同时获得了"全国先进监理企业""全国工程造价咨询行业先进单位会员"和"全国招标代理机构诚信创优 5A 等级"；2014 年 8 月，公司获得住房和城乡建设部颁发的"全国工程质量管理优秀企业"称号，全国仅 5 家监理企业获此殊荣；2021 年获得重庆市人力资源和社会保障局、重庆市城乡建设委员会颁发的"重庆市城乡建设系统先进单位"。

公司监理或实施项目管理的项目荣获"中国建筑工程鲁班奖""中国土木工程詹天佑奖""中国钢结构金奖""国家优质工程奖""中国安装工程优质奖""全国市政金杯示范工程奖"等国家及省市级奖项累计达 600 余项。由公司提供项目管理咨询服务的内蒙古少数民族群众文化体育运动中心项目，荣获 IPMA2018 国际项目管理卓越奖（大型项目）金奖，成为荣膺国际卓越项目管理大奖的全球唯一的项目管理咨询企业，公司也因此获得了重庆市市住房和城乡建设委员会的通报表彰。

面对未来，联盛项管公司一如既往将保障工程质量维护公众利益和生命财产安全作为联盛项管的责任和使命，努力打造全国一流工程咨询企业行业标杆。

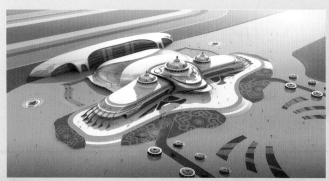

内蒙古少数民族群众文化体育运动中心项目为内蒙古自治区 70 周年大庆主会场，于 2018 年荣获国际项目管理卓越大奖金奖（项目管理、监理、招标、造价一体化、含 BIM 技术）

地　址：重庆市北部新区翠云云柏路 2 号 9 层
电　话：023-61896650　023-61896626

深圳市第三儿童医院（项目管理、监理）

内蒙古革命历史博物馆项目（项目管理、监理、BIM 技术全过程工程咨询）

重庆轨道交通工程（监理）

金湖县城南低碳生态新城文化艺术中心（项目管理）

红岩村隧道（项目管理、监理）

厦门新会展中心（监理）

中国汽车工程研究院汽车技术研发与测量基地建设项目（项目管理、监理、招标、造价一体化）

广西南宁园博园（项目管理）

协会党员群众共唱红歌给党听照

2021年7月15日协会周秘书长赴荆州调研照

2021年1月11日协会组织专家讨论《项目监理机构标准化管理手册》

2021年3月30日协会常务理事会通过《项目监理机构标准化管理手册》

2021年7月29日协会围绕"安全生产三年专项整治活动"组织专家在宜昌市开展安全生产专题业务辅导

2021年4月12日邀请武汉大学、华中科技大学、武汉科技大学等高校专家教授就今年监理继续教育工作进行座谈

2021年7月4日协会刘治栋会长带队赴恩施土家族苗族自治州巴东县野三关镇竹园淌村开展助力乡村振兴结对帮扶回访（一）

2021年7月4日协会刘治栋会长带队赴恩施土家族苗族自治州巴东县野三关镇竹园淌村开展助力乡村振兴结对帮扶回访（二）

# 湖北省建设监理协会

2021年以来，协会六届理事会以十九届五中全会精神为指导，围绕全省建设工作中心，以提升管理和服务为抓手，努力探索新形势下协会工作的新思路、新方法，增强协会服务功能和服务能力，以自身发展的确定性有效应对外部环境的不确定性，努力在危机中育先机、于变局中开新局，在构建新发展格局中展现社会组织新作为。主要从以下几个方面来抓手：

一、从百年党史中汲取精神力量，推动各项工作落到实处。一是在党迎来100岁华诞之际，协会秘书处为传承红色基因、激发爱国主义情感，组织党员群众利用工作之余时间，通过红歌演唱来表达对党和祖国的热爱，从红歌中汲取精神力量，受到感化和教育，坚定党员群众永远跟党走和为共产主义事业奋斗的理想信念。二是组织开展了"胸怀千秋伟业，恰是百年风华——建党100周年"主题征文活动。此次活动共收到征文39篇（幅），经筛选和评议，评出最佳作品12篇（幅），并对11位获得"优秀征文奖"的作者和10家组织单位予以了通报表扬。

二、下沉企业解难纾困，助力行业疫后重振。一是建立研究课题调研的机制，5月10日~12日，协会组织专家赴荆州、襄阳两地实地了解"挂靠"现象影响当地监理市场秩序的问题，并拿出了调研报告。二是设身处地为企业纾困解难，在会员维权、调解各种纠纷、化解各类矛盾等方面做了大量有益工作。三是根据中国建设监理协会通知要求，7月15日协会秘书长周佳麟带队赴荆州地区走访调研，了解企业的行业经营管理、数字化创新、多元化业务模式和未来发展思路等情况，针对当地企业的难点、困点、痛点问题及时做政策宣导，并为企业出谋划策。四是下沉送教为会员企业提供业务培训，协会先后在仙桃、武汉、宜昌、荆州、襄阳等地举办线上、线下监理从业人员业务培训，130余家会员企业的业务骨干1970余人参加培训，其中监理从业人员600余人进行线上培训。

三、发挥好信用示范引领行业发展，提升行业形象。报经省社会组织管理局批准，开展了行业评选活动，对73家"优秀工程监理企业"、184项"诚信履约示范监理工程项目"、210名"优秀总监理工程师"和214名"优秀监理工程师"给予了通报表扬。

四、继续做好从业人员培训教育，提升服务质量和管理水平。一是邀请专家教授召开2021年监理人员继续教育座谈会，确定培训教材修订内容。二是充分利用武汉大学、华中科技大学教育资源和平台常态化抓好从业人员继续教育工作，实行灵活的线上、网络等多元化培训方式，满足从业人员知识更新的需要，截至8月底，举办注册监理工程师延期注册继续教育5期，1006人取得合格证，同时举办从业人员教育培训22期，经考试4438人取得了培训证书。三是做好协会团体标准《项目监理机构标准化管理手册》宣贯工作，印刷2000册分发至会员企业，为全省工程监理管理水平和服务质量整体提高夯实了基础。

五、完成政府交办项，接受政府监督。不折不扣地做好政府委托和交办的各项工作。一是积极配合政府部门开展"安全生产专项整治三年行动"，开展了4期安全监理专题讲座。二是完成2020年全省294家工程监理企业统计年报工作，为相关企业提供了专业的各类咨询意见300余条。2021年6至8月份，先后接受了省住房和城乡建设厅、省民政厅"双随机一公开"抽查，并对协会财务情况进行了专项审计，协会财务各方面均符合规范要求。

六、加强信息化网络建设，推进"互联网＋监理服务"工作有效开展。对协会网站进行了升级改造和提档，服务内容多样化呈现。重点建立和完善从业人员继续教育手机App学习平台和企业会员信息管理系统及从业人员查询系统，打造互动、开放的共享平台，为会员提供更全面、更有针对性的服务。

七、承担社会责任，担当公益职能。紧扣"巩固脱贫成果，助力乡村振兴"主题，通过学党史办实事，践行协会社会责任，为乡村振兴汇聚点滴力量。7月4日，协会刘治栋会长带队赴恩施土家族苗族自治州巴东县野三关镇竹园淌村，开展助力乡村振兴结对帮扶工作调研对接活动。当了解到还有5户村民生活比较困难时，协会送去了6000元慰问金，为该村巩固拓展脱贫攻坚成果同乡村振兴有效衔接贡献力量。

2021年协会始终坚持把立足新发展阶段、落实新发展理念、构建新发展格局的要求贯穿到协会各方面工作中，引导会员企业发扬积极进取的拼搏精神，助力推进全省城乡建设事业高质量发展。

# 中国水利水电建设工程咨询北京有限公司

中国水利水电建设工程咨询北京有限公司，成立于1985年，是中国电建集团北京勘测设计研究院有限公司的全资子公司，为全国首批工程监理、工程咨询试点单位之一。具有住房和城乡建设部批准的水利水电工程监理甲级、房屋建筑工程监理甲级、电力工程监理甲级、市政公用工程监理甲级资质；水利部批准的水利工程施工监理甲级、机电及金属结构设备制造监理甲级、水土保持工程监理甲级、环境保护监理（不分级）资质；北京市住房和城乡建设委员会批准的公路工程乙级、机电安装工程乙级监理资质。公司通过了质量管理、环境管理与职业健康安全管理体系认证。企业精神：创新，担当，务实，共赢。经营理念：诚信卓越，合作共赢。

公司业绩遍布国内29个省区市及10多个海外国家和地区，承担了国内外水利水电、房屋建筑、市政公用、风力发电、光伏发电、公路、移民、水土保持、环境保护、机电和金属结构制造工程监理500余项，参与工程技术咨询项目200余项，大中型常规水电站和抽水蓄能电站的监理水平在国内领先。所监理的工程项目荣获"鲁班奖""詹天佑奖"、国家优质工程金奖等国家级优质工程奖21项，省市级优质工程奖26项，获得中国优秀工程咨询成果奖1项。

公司重视技术总结和创新，参编了《水电水利工程施工监理规范》《水电水利工程总承包项目监理导则》等行业管理规程规范，主编《电力建设工程施工监理安全管理规程》等10多项行业和企业标准。BIM技术在抽水蓄能工程监理项目管理应用日益完善，近年来员工发表论文百余篇，获实用新型发明专利12项，QC小组荣获国家级奖项47项。

公司坚持诚信经营，被北京市监理协会连续评定为诚信监理企业，中国水利工程协会和北京市水务局评定为AAA级信用监理企业。公司荣获了"中国建设监理创新发展20年工程监理先进企业""共创鲁班奖工程监理企业""共创詹天佑奖工程监理企业""全国优秀水利企业""全国青年文明号""北京市建设监理行业优秀监理单位"等多项荣誉称号；员工荣获"全国优秀水利企业家""全国优秀总监理工程师""全国优秀监理工程师""四川省五一劳动奖章""江苏省五一劳动奖章""牡丹江市劳动模范""北京市爱国立功标兵""鲁班奖工程总监""国家优质工程奖突出贡献者""共创詹天佑奖工程总监理工程师"等荣誉称号，为国家建设监理行业发展做出了贡献。

公司以创建"学习型、科技型、国际型"为战略发展目标，愿充分发挥自身综合技术优势，竭诚为客户提供优质服务。

地　址：北京市朝阳区定福庄西街1号
邮　编：100024
邮　箱：bcc1985@sina.com
电　话：010-51972164
传　真：010-65767034
网　址：hppt://bcc.bhidi.powerchina.cn

青海公伯峡水电站（鲁班奖、国家优质工程奖、百年百项杰出土木工程）

内蒙古自治区锡林郭勒盟洪格尔风电场

河北省张家口市崇礼区太子城冰雪小镇市政工程（北京冬季奥运会场地）

宁夏回族自治区京能中宁工业园光伏发电场

中国电建集团北京勘测设计研究院17号楼装修工程全过程咨询项目

四川大渡河大岗山水电站（国家优质工程金奖、中国土木工程詹天佑奖）

四川大渡河猴子岩水电站（中国电力优质工程）

山东泰安抽水蓄能电站（鲁班奖）

江苏宜兴抽水蓄能电站（鲁班奖）

安徽响水涧抽水蓄能电站（国家优质工程）

浙江仙居抽水蓄能电站（中国安装之星、国家水土保持生态文明工程）

南水北调中线一期工程总干渠河南汤阴段渠道（水利部重点工程、四川省建设工程天府杯金奖）

湖北省武汉市洪山区电建地产泛悦城二期（电建地产华中区域总部，地上最高64层）

庆祝中国共产党成立100周年文艺演出
舞台工程

京新（G7）高速公路

西安咸阳国际机场东航站楼工程

雄安高铁站房

雄安市民服务中心

西藏玉龙铜矿改扩建工程

中老国际铁路工程

新国展二期工程

江西南昌万达茂广场

北京化工大学昌平新校区工程

2020年冬奥工程崇礼太子城冰雪小镇

国家会议中心工程

# 中咨工程管理咨询有限公司

中咨工程管理咨询有限公司（原中咨工程建设监理有限公司）成立于1989年，是中国国际工程咨询有限公司的核心骨干企业，注册资金1.55亿元。公司是国内从事工程管理类业务最早、规模最大、行业最广、业绩最多的企业之一。为顺应行业转型发展的需要，公司于2019年更名为中咨工程管理咨询有限公司（简称"中咨管理"）。

中咨管理具有工程咨询甲级资信、工程监理综合资质以及设备、公路工程、地质灾害防治工程、人民防空工程等多项专业监理甲级资质，并列入政府采购招标代理机构和中央投资项目招标代理机构名单。公司具备完善的工程咨询管理体系和雄厚的专业技术团队，通过了质量管理体系、环境管理体系和职业健康安全管理体系认证；现有员工4700余人，其中具备中高级职称人数2500余人，各类执业资格人数1600余人。业务涵盖工程前期咨询、项目管理、项目代建、招标代理、造价咨询、工程监理、设备监理、设计优化、工程质量安全评估咨询等项目全过程咨询服务。行业涉及房屋建筑、交通（铁路、公路、机场、港口与航道）、石化、水利、电力、冶炼、矿山、市政、生态环境、通信和信息化等多个行业。

公司设有25个分支机构，业务遍布全国及全球近50个国家和地区，累计服务各类咨询管理项目超过10000个，涉及工程建设投资近5万亿元。包括国家千亿斤粮库工程、国家体育场（鸟巢）、庆祝中国共产党成立100周年文艺演出舞台（国家体育场）工程、国家会议中心、川藏铁路工程、北京2022年冬奥会相关配套工程、首都机场航站楼、西安咸阳国际机场航站楼、杭州湾跨海大桥、京沪高铁、雄安高铁站、雄安至大兴国际机场R1线、京新（G7）高速公路、武汉长江隧道、南宁国际空港综合交通枢纽工程、空客A320系列飞机中国总装线、岭澳核电站、红沿河核电站、天津北疆电厂、百万吨级乙烯、千万吨级炼油、武汉国际博览中心、北京市政务服务中心、雄安市民服务中心、重庆三峡库区地质灾害治理、深圳大运中心以及北京、深圳等28个大中型城市轨道项目等众多国家重点工程，以及埃塞俄比亚铁路、中老国际铁路、老挝万万高速公路、孟加拉卡纳普里河底隧道、老挝国际会议中心、缅甸达贡山镍矿等一大批海外项目的工程监理、项目管理、造价咨询等服务，其中荣获50项中国建设工程"鲁班奖"、11项中国土木工程"詹天佑奖"、51项国家优质工程奖以及各类省级或行业奖项400余项。

经过30年的不懈努力，我们积累了丰富的工程管理经验，为各类工程建设项目保驾护航，"中咨监理"品牌成为行业的一面旗帜。为适应高质量发展的需要，公司制定了"122345"发展战略，以全过程工程管理咨询领先者为发展目标，加快推进转型升级和现代企业制度建设，着力改革创新，做活、做强、做优，坚持走专业化、区域化、集团化、国际化的发展道路，大力开展人才建设工程、平台建设工程、技术研发与信息化建设工程、品牌建设工程、企业文化建设工程等五大专项建设工程，矢志不渝地为广大客户提供优质、高效、卓越的专业服务，为国家经济建设和社会发展做出积极贡献。

# PM 西安普迈项目管理有限公司

西安普迈项目管理有限公司（原西安市建设监理公司）成立于1993年，1996年由国家建设部批准为工程监理甲级资质。现有资质：房屋建筑工程监理甲级、市政公用工程监理甲级；机电安装工程监理乙级、公路工程监理乙级、水利水电工程监理乙级、设备监理乙级。公司为中国建设监理协会理事单位，陕西省建设监理协会副会长单位，西安市建设监理协会副会长单位，陕西省工程建设造价协会常务理事单位，陕西省招标投标协会理事单位，陕西省项目管理协会常务理事单位。

公司以监理为主业，向工程建设产业链的两端延伸，为建设单位提供全过程工程咨询服务。业务范围包括建设工程全过程项目管理、房屋建筑工程监理、市政公用工程监理和公路工程监理、机电安装工程监理、工程造价咨询、工程招标代理、全过程工程咨询等服务。

公司凝聚了一大批长期从事各类工程建设施工、设计、管理、咨询的专家和业务骨干，注册人员专业配套齐全，可满足公司业务涵盖的各项工程咨询服务需求。

公司法人治理结构完善、管理科学、手段先进、以人为本、团结和谐。始终坚持规范化管理理念，不断提高工程建设管理水平，全力打造"普迈"品牌。自1998年开始在本地区率先实施质量管理体系认证工作，2007年又实施了质量管理、环境管理和职业健康安全管理三体系认证，形成覆盖公司全部服务内容的三合一管理体系和管理服务平台。

2017年，公司结合已有业务定制开发了信息化操作系统，经过2年多运行后，随着市场不断地变化又启动信息化建设升级工作，逐步建立起了契合公司发展的信息化、数字化、智能化办公平台，实现了线上资源共享、技术交流、流程审批、工作检查等智慧办公成果，极大提高了全员工作效率。2021年，公司瞄定信息化建设的新目标，新增全过程工程咨询管理、工程指挥中心门户、监理单项目门户、积分模块、危大工程模块、移动单兵系统、无人机直播系统等新模块，并进一步优化、升级了企业信息化系统架构，在信息化建设追赶超越的征程中迈进了坚实一步。

2018年，公司入围陕西省首批全过程工程咨询试点企业，在创新发展理念引领下，充实完善管理制度，开发运用信息化管理平台，提升服务品质内涵，着力开拓项目管理和全过程工程咨询业务，现正在提供国家开发银行西安数据中心及开发测试基地、韩城市美丽乡村建设等10余项全过程工程咨询服务项目，总投资约30亿元。在典型项目中，公司积极探索全过程工程咨询服务实践方案，以顾客需求为服务切入点，以技术手段为支撑，用管理手段穿针引线，将全过程理念与系统工程方法应用到全过程工程咨询服务模式中。

28年来，公司坚持以"与项目建设方共赢"为目标，精心做好每一个服务项目，树立和维护普迈品牌良好形象，获得了多项荣誉和良好的社会评价，2次被评为国家"先进工程监理单位"，连年被评为陕西省、西安市"先进工程监理单位"。

地　址：陕西省西安市雁塔区太白南路139号荣禾云图中心4层
邮　编：710065
电话/传真：029-88422682
网　址：http://www.xapm.cn/

常宁新区潏河湿地公园PPP建设项目

西安交通大学科技创新港科创基地8号工程楼、9号阅览中心获2020年度"鲁班奖"

西安电子科技大学南校区综合体育馆建设项目获2018—2019年度"鲁班奖"

昆明雅景中心建设项目　　　　绿地能源国际金融中心建设项目

荣民西安高新壹号建设项目　　西安交大一附院门急诊综合楼、医疗综合楼工程监理分别获"雁塔杯""长安杯"奖

陕西省高等法院工程建设项目管理及监理获"长安杯"奖　　西安地铁4号线地铁站装饰安装工程监理三标获2020—2021年度国家优质工程奖

国家开发银行西安数据中心及开发测试基地建设项目　　韩城市美丽乡村建设项目

公司年度工作会议

宣贯、交流学习

各类文体、联谊活动

# 云南国开建设监理咨询有限公司

云南国开建设监理咨询有限公司成立于1997年，在20多年的持续发展中，始终把提高工程监理咨询服务质量和管理水平作为企业持续发展的永恒目标。

公司是经各级主管部门批准的具有房屋建筑工程监理、市政工程监理双甲级资质；人防工程监理、冶炼工程监理、化工石油工程监理、机电安装工程监理、设备监理、地质灾害治理监理等乙级资质及项目管理的专业监理咨询企业。公司的管理通过质量管理体系、环境管理体系、职业健康安全管理体系认证。

百年企业靠文化，企业文化是企业的精髓和灵魂，是企业综合实力的体现，也是知识形态生产力转化为物质形态生产力的源泉。树立"文化兴企"理念，弘扬企业文化、树立公司形象，增强员工归属感，完善公司企业文化建设，推进公司持续健康发展。

人是有创造力的生产要素，是企业生存发展的第一资源，因此"以人为本"是国开监理公司企业文化最重要特征。

国开监理公司在创新发展的进程中，公司制定和完善了各项切实可行的规章制度、工作流程和行为规范，编制技术业务指导丛书，强化职工培训，保证了各项工作顺利开展；公司全面推行工程监理标准化工作，在长期坚持的督查工作中，通过"检查、指导、学习"，树榜样、立先进，表彰优秀，调动了广大员工积极性，提升了公司员工服务意识；建立公司网站，设立办公管理与工程管理"信息化管理平台"，建立各部门各机构微信群，增强了公司内部信息化、科学化、规范化管理，打开了宣传与传播渠道，让同行和主管部门了解和分享公司发展成果；组织开展各种类型的文体、联谊活动，活跃了公司气氛，极大地调动了广大员工健康、团结、积极向上的能量，增强了公司的凝聚力，激励了员工热爱公司、爱岗敬业的精神。

国开监理咨询，工程建设项目的可靠监护人，建设市场的信义使者。

地　址：云南省·昆明市·东风东路169号
邮　编：650041
邮　箱：gkjl@gkjl.cn
电　话：0871—63311998
传　真：0871—63311998
网　址：http://www.gkjl.cn

# 云南新迪建设工程项目管理咨询有限公司

云南新迪建设工程项目管理咨询有限公司成立于1999年，具有建设部颁发的房屋建筑工程、市政工程监理及电力工程监理甲级资质，机电安装工程监理、化工石油工程监理及农林工程监理乙级资质，是云南省首批工程项目管理试点单位之一。公司发展多年来一直致力于为建设单位提供建设全过程、全方位的工程咨询、工程监理、工程项目管理、工程招标咨询等服务。

多年来，新迪咨询公司一直以追求优异的服务品质为导向；以最大限度地实现管理增值为服务理念；以打造一流的、信誉度较高的综合性咨询服务企业，打造具有新迪风格、职业信念坚定、在行业内具有创新能力、技术与管理水平代表行业较高水平的品牌总监理工程师及品牌项目经理为新迪发展愿景。在坚持企业做专做精、差异化服务战略的前提下，提倡重视个人信誉、树立个人品牌；强调在标准化、规范化管理的前提下实现监理创新，切实解决工程建设中的具体问题。公司通过质量管理体系、环境管理体系、职业健康安全管理体系认证并保持至今。公司多年来荣获国家、云南省、昆明市等多项荣誉，其中有"全国先进工程监理企业""云南省人民政府授予的云南省建筑业发展突出贡献企业""云南省先进监理企业""昆明市安全生产先进单位"等。

公司发展22年来，聚集了大批优秀的工程管理人才，多名员工荣获"全国先进监理工作者""全国优秀总监理工程师""全国优秀监理工程师""云南省优秀总监理工程师""云南省优秀监理工程师"等荣誉。

公司22年来监理工程1500余项，并完成20余项工程项目管理，类型涉及高层及超高层建筑、大型住宅小区、大中学校、综合医院、高级写字楼、影剧院、高星级酒店、综合体育场馆、大型工业建筑等房屋建筑工程和市政道路、污水处理、公园、风景园林等市政工程，其中100余项工程荣获国家优质工程奖、詹天佑土木工程大奖、全国用户满意奖、云南省优质工程奖等。

地　址：昆明市五华区海源财富中心2号楼8楼
邮　编：650106　E-mail:xindi@xdpm.cn
电　话：0871-65380481、65389198、
　　　　65311012

微信公众号

联大立交

新昆华医院

昆明市行政中心

昆明顺城城市综合体

云南电网生产调度中心

金马腾苑

长城中学